景觀設計與施工

總論

王小璘　　何友鋒

自 序

　　這是一套適用於景觀和建築、都市計畫、土木、水利及水土保持等與景觀專業有關設計與技術的參考書。

　　回顧數十年來，個人於國內從事景觀教育和參與規劃設計及施工，迄國外求學和工作回來後持續投入學術與實務；加上多年來有幸擔任中央各部會和地方縣市政府評審及評鑑委員，接觸不同類型的專案，發覺其在提案、規劃、設計、施工及維護管理等計畫生命週期階段所產生的問題，皆大同小異且重覆出現，乃亟思將所見所聞，試圖分門別類提出一個最大公約數的方案，因而有本書之誕生。

　　有鑑於國內外景觀設計專題和相關書圖資料雖不在少數，然而能兼顧設計與工程並有系統論著者，則較為有限。乃彙整多年累積的圖資和照片，經過修改數十版本，並與時俱進，納入最新資訊，編輯成冊，期能為有志投入此行業的同好，略盡綿薄之力，並藉以激勵自我，終身學習！

　　爰此，本書將內容歸納為設計與施工兩個部分；前者側重於理念之鋪陳，後者為落實前者之技術，並分別對接為總論及各論；總論提出景觀專業之定位和主要課題之論述，包含國家高等考試、技術士檢定及國際技能競賽；同時選取公園綠地、水體場域和植物，研擬其設計原則。各論則選擇常用之景觀設施與資材，分別說明其功能和設計準則，以及施工圖說和單價分析。

　　本書之成，感謝具有建築專業背景的先生友鋒，給予實務上的提點和建議，使本書內容更臻完善。感謝遠在國外摯愛的女兒英慈、欣慈和友人 Hilary 寄來照片並由不同觀察視角給予深度點評，以及皓軒和大川提供的優質臺灣實景照。這些多樣而珍貴的作品，不僅增加了本書的廣度與厚度，並且成就了本書在剛性的工程技術中注入了柔性的詮釋，因而提高了全書的可讀性和辨識性。感謝內政部國土管理署李立森委員協助校核施工圖，強化圖說的專業性和準確性。特別感

謝能從我積累數十年的檔案中抽絲剝繭地找出所需的書圖和照片，並繕打成冊的得力助手覃慧。此外，本書亦納入當前幾位國內傑出中生代景觀師之施工圖說，並予冠名以示傳承之意。最後感謝書房窗外每日造訪的鳥兒，聽著牠們啾啾的話語，看著牠們享受日光浴的憨態，每每助我打通卡住的思路，並終日喜樂！

　　謹此　深致謝忱！

王小璘

中華民國 臺灣 臺中

2024.01.04

目次

總 論

圖目次

表目次

總　論

01

景觀行業定位
（Positioning of Landscape Profession）

幾世紀以來，東西方對「景觀」一詞有不同的解讀。

我國造園記載，始見於殷末，周之「靈沼」、「靈囿」，秦之「阿房」，五代之「杭州」，均為早期之庭園。迄宋徽宗於汴京修築「艮嶽園」，更為特出；明清之江南園林，起承轉合，意境高潔，造詣均臻上乘。

有關造園一事，見諸舊小說中極多，如浮生六記、履園叢話、金瓶梅及紅樓夢等，類皆片段，不成完整系統。明末（1634 年）計成（字無否）著「園冶」一書，論及設計理論：體、宜、因、借，平面布局，山石築法，是我國第一本有系統論述記載，並沿用至今之重要文獻。「園」字可解構為「圍牆」、「屋宇」、「水池」、「石樹」；其中，大「□」係「圍牆邊界」，「土」字為「屋宇平面」，小「口」乃「居中為池」，「化」者為「似石似樹」。是以，園中要素包含自然元素（花木魚池、蟲鳥動物）及人為元素（建築構物）；一屬活動，一屬規律，調劑於二者之間是為假山疊石。

即至民國時期，臺灣園景承先啟後，彙整東方西方設計思潮，透過轉化、交織與創造，而成兼容並蓄，既有人文氣息，又有在地生態之獨特風格，此於「臺灣園景」一書，可見一斑。

就西方觀點而言，由早期微觀之「Garden」（庭園）逐漸發展而成宏觀之「Landscape」（景觀），並作出以下兩種解讀：一是由專業領域角度切入，如地理領域視「景」為「可為感知之總印象體。」；建築領域視之為「有別於建築個體之戶外開放空間。」；生態領域視之為「空間當中自然效應之組合。」；及地質領域視之為「一塊地表上所有特徵之總稱。」。另一是因人為力量介入程度不同而有不同層次之景觀，如「Natural Landscape」（自然景觀），係不受人類開發影響之大地景觀，如沙漠；「Humanized Landscape」（人為景觀），係人類為了經營目的而呈現之景觀，如牧場、農園、鹽田；及「Designed Landscape」（設計景觀），係人類為了追求休閒娛樂所需而呈現之造景景觀，如公園、庭園。

Natural Landscape 沙漠
資料來源：https://commons.
wikimedia.org/wiki/File: 甘肅
沙漠（公有領域）。

Humanized Landscape 鹽田

Designed Landscape 公園
（澳洲）

綜合以上中西方觀點，可以說明：所謂「景觀」，係以天為頂，地表為底，在一定範圍內之戶外空間及其所包含之有機因子（花木、蟲魚、鳥獸）、無機因子（屋宇、山石、水域）、有形因子（大樹小草、亭台聚落）、無形因子（日出日落、彩虹晚霞）及其相互間所產生之自然效應組合。

爰上，本書乃以「景觀」一詞，鋪陳全書內容。

臺灣的景觀教育與行業類似英國及日韓，係由農學園藝為基礎開始發展。目前共有十四個大學景觀系所，每年培養近千名的景觀專業畢業生；該項統計數字尚不包含各級專科學校之園藝科授有造園課程之科系。另一方面，臺灣的景觀行業長期以來一直由兩種相關專業執行，一是建築師和土木技師負責規劃設計和工程施作，一是園藝苗圃業者負責綠化美化工作。2004 年考試院銓敘部增設「景觀設計職系」和「景觀設計職組」，2006 年考選部舉辦景觀公務人員高普考試，為政府甄選景

觀專業人員，臺灣景觀領域正式成爲國家認定之專業行業，是爲景觀行業的里程碑！

考試院銓敘部

內政部國土管理署

爰此，景觀行業之定位可由外顯與內化兩個面向思考，二者一體兩面，牽動著臺灣景觀專業的發展，也引領著景觀行業之走向與定位。

所謂外顯者，係由橫斷面剖析景觀被賦予的意涵，而呈現與其他領域的相異之處。國家高普考試科目和命題大綱顯示，景觀與相關專業之間有著明顯的相異性與區隔性，但也存在著某種程度的相似性與協調性。如就建築而言，景觀行業配合建築物群進行外部開放空間設計，使整體街廓兼具全面性和地域性；就都市計畫而言，景觀行業側重生態環境之保全和利用、視覺美質和空間體驗之營造，使都市景觀在整體發展中各自展現不同的風采；就土木而言，景觀行業強調在環境安全與保護之前提下，進行生態設計與工程營造，落實環境與生態之永續經營；就園藝而言，景觀行業運用園藝研育出之植物種類，根據土壤、氣候等環境生態條件，選擇適合樹種適地適種，以型塑空間和景觀意象，提升環境美質，並營造生物棲地多樣性；就水土保持而言，景觀植栽在水保綠化工程與技術的基礎上，考量景觀生態和美學功能，選種並布局植物，以強化生態功能和視覺美感；就水利而言，景觀行業配合水資源工程之營造，增加周邊環境綠美化，軟化剛硬之水利設施，以提升整體環境品質。

所謂內化者，係由縱斷面探討景觀本質之內涵，亦即在認知景觀意涵的基礎上，強調景觀行業之職掌工作與範疇，及由此衍生出相應之景觀執業類別與職責。

此由本書「總論」單元 02「景觀行業的範疇」及單元 03「景觀規劃與設計方法」，可見一斑。因此，景觀專業行業不僅要有完備而具體之階段性任務，也要有可供辨識之行業生態位（ecological niche）。此由單元 04「國家考試及景觀命題大綱」及單元 05「造園景觀技術士技能檢定」獲得景觀行業生命週期職責之應證，從而落實於單元 06、07、08 及 09，以及「各論」有關各項環境設施之設計及施工圖說。

是以，縱橫考量景觀行業之外顯與內化，景觀行業的定位便不再是一個模糊的概念了！

而有關我國景觀專業人才養成之教育體系，若對照「臺灣園景」之「臺灣造園景觀大事紀」來看，由民國 107 年累積之十七校十六系所一學程至民國 113 年減為十二校十一系所一學程，六年間之遞減變化，未來可能成為一種新常態，值得吾人加以關注！

為了更好地掌握當前景觀專業人才培養場域之發展動向，乃將目前我國有關景觀專業養成的系所及學制列表如下（表 1-1），以資參考，並作為未來五年甚至十年調研檢核之基礎資料。

▌ 表 1-1　臺灣景觀系所基本資料表（2024 年 01 月）

學校	公私立	學院名稱	系所名稱	成立時間	學制（年）
東海大學	私立	創意設計暨藝術學院	景觀學系（原園景學系）	1981	學士 (4)
				1991	碩士 (2-4)
文化大學	私立	環境設計學院	景觀學系	1981	學士 (4)
				2002	碩士 (2-4)
輔仁大學	私立	藝術學院	景觀設計學系	1989	學士 (4)
				2002	碩士 (2-4)
中華大學	私立	建築與設計學院	景觀建築學系	1992	學士 (4)
			建築與都市計畫學系碩士班都市景觀組	1994	碩士 (2-4)
朝陽科技大學	私立	設計學院	景觀及都市設計系所	1999	學士 (4)
				1999	碩士 (2-4)
			建築及都市設計研究所	2002	博士 (3-7)
勤益科技大學	公立	人文創意學院	景觀系所	2003	學士 (4)
				2010	碩士 (2-4)

學校	公私立	學院名稱	系所名稱	成立時間	學制（年）
明道大學*	私立	人文設計學院	景觀與環境設計學系	2001	學士 (4)
			人文設計學院設計及規劃碩士班	2003	碩士 (2-4)
屏東科技大學	公立	管理學院	景觀暨遊憩管理研究所	2005	碩士 (2-4)
臺灣大學	公立	生物資源暨農學院	園藝暨景觀學系（原園藝學系）	1946	學士 (4)
			園藝暨景觀研究所景觀暨休憩組	1967	碩士 (2-4)
				1982	博士 (3-7)
		工學院	建築與城鄉研究所（丙組加考景觀相關科目）	1988	碩士 (2-4)
				1991	博士 (3-7)
中興大學	公立	農資學院	園藝學系研究所（加考造園相關科目）	1981	碩士 (2-4)
				2002	博士 (3-7)
			景觀與遊憩學位學程	2008	學士 (4)
				2011	碩士 (2-4)
嘉義大學	公立	農學院	景觀學系暨研究所	2006	學士 (4)
				2016	碩士 (2-4)
金門大學	公立	人文社會學院	都市計畫與景觀學系（學士班）	2013	學士 (4)

資料來源：王小璘，2000、2002a、2021。

＊：明道大學於 2023 年 8 月 1 日停招，將於 2024 年 7 月 31 日停辦。

參考文獻

1. 王小璘，1995，英國的景觀教育，建築師 (ii):39-46。

2. 王小璘，2000，亞洲各國的景觀教育——兼述亞洲景觀教育學者聯盟備忘錄，造園季刊，36:9-24。

3. 王小璘，2002.9、12，景觀專業的定位與內涵——從新增「造園景觀職系職組」談起，造園季刊，44、45:5-14。

4. 王小璘，2006，臺灣景觀專業的教育與實務，風景園林，中國風景園林學會，64(5):50-58。

5. 王小璘，2013，臺灣景觀專業發展與景觀教育「最後一哩」——兼談景觀（技）

師養成，造園季刊，77:29-37。

6. 王小璘，2014，景觀專業教育的反思與前瞻，臺灣建築學會會刊雜誌，75:42-46。

7. 王小璘、何友鋒，2021，臺灣園景，五南圖書出版，p.372。

8. 計成，1634，園冶，逢甲大學建築學會重繪再製。

02

景觀行業的範疇
（The Scope of Landscape Profession）

　　臺灣景觀行業之養成相較於其他相關專業領域如建築、都市計畫、土木、園藝、水保、水利等為期較晚。目前雖已納入國家考試職類體系，惟在實務工作之職責及所扮演之角色，則仍模糊，有待釐清。

　　綜觀東西方庭園發展史，東方自中國早期之黃帝玄圃以降，無論皇家園林、私家庭園或風景園林，乃至跨越四百年之臺灣園景，均各領風騷，有其獨到之處。衡諸西方及古中東（波斯）造景，則可追溯自 BC 3500 年世界七大奇觀之一的巴比倫空中花園（Hanging Gardens）開始。

巴比倫空中花園（Hanging Gardens）
資料來源：https://en.wikipedia.org/wiki/Hanging_Gardens_of_Babylon（公有領域）。

其後埃及、希臘、義大利、法國和英國相繼發展各具特色的庭園和公園；進而影響新大陸之美國，並由 Frederick Law Olmsted 設計建造了舉世聞名的紐約中央公園。期間受到十八世紀末「東風西漸」思潮之影響，而有東方元素融入西方藝術之促成與流傳。

幾世紀時空交錯的長河中，西方各國因社經背景和生態環境各異，景觀發展之進程也有著各自成長的軌跡和制度。在美洲，1899 年 1 月 4 日成立了「美國景觀建築師聯盟」（American Society of Landscape Architects, ASLA）；在歐洲，1929 年成立了「英國景觀協會」（Landscape Institute, LI）；即至 1948 年成立了「國際景觀建築師聯盟」（International Federation of Landscape Architects，IFLA）而建立起國際交流的平臺。

目前我國「景觀法」已推動多年，「景觀基本法」仍在討論階段，而公私部門推動城鄉環境改造則持續積極進行；然對景觀行業所肩負的工作範疇則認知各異，混淆不清。

是以，彙整國際景觀專業制度，考量我國現行職場生態，提出景觀行業相關工作及專業從業人員因景觀發展生命週期各階段所肩負之不同任務而予以對應之職別（title），以供參考。

（一）景觀行業名詞釋義（Terminology of Landscape Profession）

• 景觀規劃（Landscape Planning）

景觀規劃是一項針對不同的土地使用間之協調、兼具保護自然歷程、重要文化和自然資源之工作。其規劃內容包含瞭解相關法令規章及上位計畫、發掘問題和機會、確認規劃目標、分析生態及人文環境、研擬規劃構想和替選方案、民眾參與、開發經費概估、經營和維護管理計畫及管制和規範。

▌ 苗栗縣大湖鄉薑麻園休閒農業區規劃

　　景觀規劃師（Landscape Planner）是實踐景觀規劃工作之執行者。其工作內容包含政策和策略文案之撰寫、開發專案之主要計畫、景觀評估和評鑑，以及政策計畫擬定等。景觀規劃師從事的工作通常有幾個特點；包括計畫範圍廣、土地使用性質多樣、參與客戶多，以及執行時間長等。必要時，在規劃過程中得應用其他如考古學或法律等之專業知識。

• 景觀設計（Landscape Design）

　　景觀設計是一項兼具設計和藝術之行業，由景觀設計師在土地使用合理分配之架構下，將自然和文化資源加以整合與運用。它既專注於景觀人工設施和植物之細部設計，也兼顧實用、美觀、生態和環境之永續。

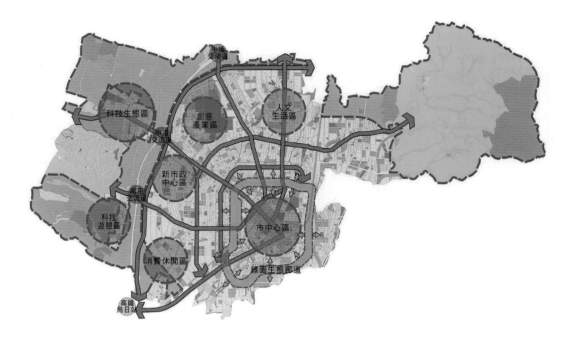

▌ 圖 2-1 　原臺中市城鄉風貌三環五軸七星拱月整體空間架構

　　景觀設計師（Landscape Designer）是實踐景觀設計工作之執行者，經常與建築師、土木工程師、測量人員、植物學家、藝術家及承包商等相關專業人士合作。

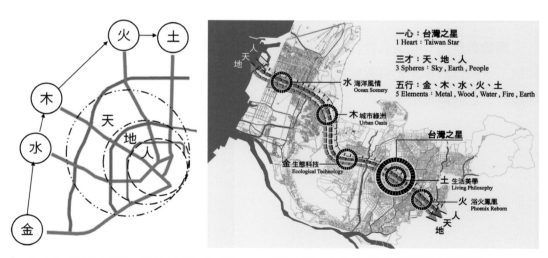

▌ 圖 2-2 　臺灣大道三才五行綠網　▌ 圖 2-3 　臺灣大道一心三才五行景觀空間規劃架構
　　　　　建構概念

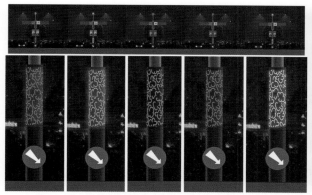

圖 2-4　呼應周邊環境特性之五行燈柱設計概念

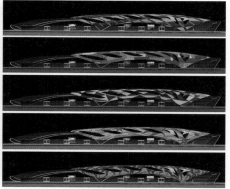

圖 2-5　呼應周邊環境特性之五行公車
站體設計概念

圖 2-6　「臺灣之星」平面設計構想

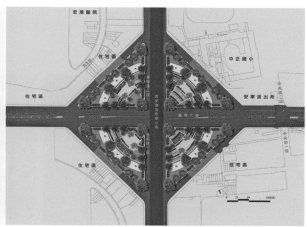

圖 2-7　「流轉廣場」平面設計構想

圖 2-8　「流轉廣場」細部設計構想　　　　　　　　　　　　Charles Sand 繪製

- ## 景觀工程（Landscape Engineering）

　　景觀工程是一項應用科學和技術營造地景和水景的行業。除了應用如農學、植物學、生態學、林業、地質學、水文地質學和野生動植物生物學等工程之外，並借鑒了諸如工程地貌學、建築、土木、農業與灌溉工程等應用科學，進而創造人為景觀。

　　景觀工程基於設計知識設定目標、確定初始狀況、研擬替代方案設計、提出最佳方案，以達成預期目標。其特點是在設計和施工之各階段，將地形地貌、基質和植被視為一體，不僅體現了傳統工程之所有要素，包括調研、規劃、設計、施工、營運、效益評估、管理和培訓等；同時也聚焦於三個面向：(1)將目標設定和景觀設計視為一體；(2)將景觀設計側重於個別的地貌設計，以有效達成設定的目標；及 (3) 經費預估和確保財源。

▌ 木作和舖面施作工程（國際技能競賽實景）　　▌ 水景和植栽施作工程（國際技能競賽實景）

　　景觀工程師（Landscape Engineer）是落實景觀規劃與設計理念之實踐者。他必需懂得辨識等高線圖、轉換二維圖像、計算道路和其他構造物的角度和整地要求，以及特定地區所需的數量；同時還需要瞭解水流和逕流量對設計區域的影響。

- ## 景觀維護及管理（Landscape Maintenance and Management）

　　景觀管理主要在於實現整體計畫之目標，確保景觀環境能成熟發展，並讓使用者感到滿意。它涉及土地使用和土地與生物社會之間在物理和視覺可接受之關聯性。因此需要和設計師及土地科學家密切合作，當然也需要有工作熱忱和鑑賞能力。

景觀維護與監工是景觀管理的重要面向，涉及土地、植被和人工設施之日常持續維護，以確保景觀得以持續在可接受之狀態。

景觀管理師（Landscape Manager）是確保景觀營造得以可持續經營之執行者。負責自然和人為景觀及設施之保全管理與技術指導，並運用有關環境發展和變遷的知識，提供現場施工和長期維護與發展之建議。因此，景觀管理師必須是經過專業培訓之合格景觀管理人員；同時經常與土地和休閒遊憩管理人員交流互補。

• 土地科學（Land Science）

土地科學可視為對自然系統之物理和生物屬性進行有系統之研究和評價的科學；其目的是為了瞭解實際和潛在之資源價值，以及資源與人類之間的相互作用。

土地科學家（Land Scientist）是掌握景觀規劃、設計與施工及管理之主要舵手。其業務範圍包括從現場調查到用於規劃或管理區域之生態評估，以及就開發影響或特定地區和物種之重要性提出見解。在規模較大的機構，土地科學家可以輔助景觀設計師和管理師在設計及管理無法獨立勝任的問題。因此，土地科學家須具備與景觀工作實際問題之土壤學、水文學、地貌學及植物學等相關專業知能，故亦可納入景觀規劃之範疇。

綜上所述，景觀行業是一項綜合工程科學與美學藝術的實踐工作。景觀人不僅須具備科學與藝術之知識與素養，並且須與跨領域之相關專業人士合作，以成就環境改善任務，促進人類及生物物種之生活與生存福祉。

(二) 景觀行業之生態位（Ecologyical Niche of Landscape Profession）

考量我國景觀行業與教育制度，參照國際景觀專業組織對行業之認定，並對接我國現行國家相關考試科目，說明我國景觀行業之生態位及所需具備之知能和工作內容。

目前我國尚無景觀師及景觀工程師一職，然在工作上可對接行政院勞動部勞動力發展署於民國 112 年修正公告之「造園景觀技術士技能檢定規範」，並增加「土地科學家」、「景觀規劃師」、「景觀設計師」及「景觀管理師」。同時依照景觀行業生命週期，由初始之「評估」至最終之「維護管理」階段而給予對應之職別名稱。

1. 景觀工作項目與職別

工作項目	景觀職別	技術士級別
評估	土地科學家 Land Scientist[1]	
規劃	景觀規劃師 Landscape Planner	
設計	景觀設計師 Landscape Designer	
施工	景觀工程師 Landscape Engineer	
	甲級景觀工程師	甲級技術士
	Landscape Engineer Grade I	GLT Grade I[2]
	乙級景觀工程師	乙級技術士
	Landscape Engineer Grade II	GLT Grade II
	丙級景觀工程師	丙級技術士
	Landscape Engineer Grade III	GLT Grade III
維護管理與監工	景觀管理師 Landscape Manager	

＊1：土地科學家之業務亦可納入景觀規劃工作範疇。

＊2：GLT 為 Garden and Landscape Technician 之簡稱（詳見總論 05 造園景觀技術士技能檢定）。

2. 各職別所需具備之知識

統整我國目前各大專校院景觀行業專業領域課程，配合前述景觀行業範疇及國家考試科目，提出各職別所需具備之知識，作為高等及技職體系合校研擬必選修課程就景觀從業人員養成教育之參考。

⑴土地科學家：自然科學和環境系統之基礎性知識，如生物學、應用生態科學、景觀生態學、土壤科學、景觀植物學、地質學、環境保育等。

⑵景觀規劃師：景觀史、景觀規劃基本理論、景觀規劃方法、景觀生態學原理、景觀生態學方法、景觀生態規劃設計應用、景觀植物學、景觀行政與法規、景觀學概論、景觀工程概論、景觀規劃、國土計畫、景觀相關法規、敷地計畫、景觀視覺評估、美學基本原理、都市及區域計劃理論、都市設計理論及方法、社會心理學、經濟學、生物學、資源保育與理論、電腦軟體及繪圖表現、AI 繪圖技術。

⑶景觀設計師：景觀相關法規、景觀生態規劃設計應用、景觀與都市設計、景觀元素的運用、景觀材料特性與美質，及其對機能、外部空間和活動等之

應用、人因工學、美學概論、景觀植物學與景觀生態學、景觀設計概要、植栽計畫、植栽設計、植生工程、水土保持工程、綠建築、景觀保育及復育、景觀行政與法規、景觀工程、水電及照明工程基本原理、電腦製圖、AI 繪圖技術。

⑷甲級景觀工程師：

A. 共用規範：

　　a. 職業安全衛生。

　　b. 工作倫理與職業道德。

　　c. 環境保護。

　　d. 節能減碳。

B. 具備知識：

　　a. 製圖。

　　b. 材料選用。

　　c. 機工具使用。

　　d. 施工與管理。

　　e. 水電系統管理。

　　f. 維護管理。

　　g. 工程管理。

　　h. 施工計畫。

⑸乙級景觀工程師：

A. 製圖。

B. 材料及機工具之應用。

C. 基地放樣及整地。

D. 植栽材料施工。

E. 非植栽材料施工。

F. 水電施工管理。

G. 維護管理。

H. 工料計算。

I. 綠色產業與環境保育。

J. 相關專業法規。

⑹丙級景觀工程師：

A.材料之認識。

B.基地放樣及整地。

C.造園植栽施工。

D.造園土木及基本水電施工。

E.維護管理。

F. 環境保育。

(7)景觀管理師：對景觀的綜合管理知能，包括對工程技術、園藝和生態等專業知識，也對景觀材料與設施的管理和維護、景觀工程契約與規範、預算控制、景觀工程及資源管理等知識，尤其是人力資源、機構組織和契約管理等相關事宜。

3. 景觀行業之工作內容

綜觀國際相關專業組織對景觀行業之認定，考量我國行業需求與教育養成，說明我國景觀行業之工作內容如下：

(1)研究：包括可行性研究、景觀模擬研究、景觀生態研究、生態工法研究、景觀行為科學研究、景觀美學研究、景觀復育研究、景觀個案研究、景觀療癒研究等。

(2)評估：包括景觀環境影響評估、環境影響說明、景觀視覺美質評估、使用後評估、景觀知覺評估等。

(3)調查分析與測繪：包括基地及周邊地區之自然與人文環境調查分析、相關計畫與法規調查分析、景觀空間品質分析、使用者行為與偏好調查分析、工程測繪、檢查等。

(4)規劃：包括規劃目標、準則及策略之研擬、整體發展計畫、土地使用分區計畫、民眾參與規劃、各項實質計畫（含交通動線計畫、公共設施計畫、水土保持計畫、植栽計畫、色彩計畫、解說導覽計畫、遊程計畫及相關管制計畫等）、執行計畫（含分期分區發展計畫、財務計畫、經營及管理維護計畫等）。

(5)設計：依前項規劃內容之細部設計，如整地、植栽、各種景觀設施、澆灌系統、給排水系統、照明系統，及工程預算編列。

(6)施工圖繪製：依前項設計內容之工程和植栽項目，分別製作詳細的施工圖說、單價分析、總價（含直接工程費及間接工程費）及可供施工單位依循的

施工說明書以及施工計畫及說明書撰寫等。

(7)整體效益分析：質化效益、量化效益、SDGS、NBS 永續發展目標檢核、綠色內涵效益評估、執行績效指標及公共工程生態檢核自評（詳細內容見「總論 03 景觀規劃與設計方法」）。

(8)監造及協助發包。

(9)施工及管理維護：景觀構造物保養、營建施工裝置管理、擴建、修改、重建與修繕，景觀植物之栽移、檢驗及管理維護等。

4. 景觀工程師應具備之基本條件及工作要項

(1)基本條件：

　A.具備之證照：品管、勞安、造園景觀技術士。

　B.電腦操作：文書軟體 Word、Excel、PowerPoint、CANVA、Photoshop、繪圖軟體 AutoCAD、Revit、3ds Max、SketchUp、AI 技術等。

　C.基本能力：

　　(a)圖面、合約及施工規範內容理解能力。

　　(b)測量放樣。

　　(c)市場材料、機具施工價格瞭解。

　　(d)施工、品管計畫內容（含施工進度表製作）。

　　(e)施工日誌、公文等相關文書處理。

　　(f)溝通協調與積極工作態度。

(2)工作要項：

▋ 表 2-1　景觀工程師應具備之工作要項

工作要項		工作內容
施工前	現地勘查	工程位置是否與設計配置圖相符。
	協調辦理事項	1.確認現地既有管線、路燈及交通管制設施等，以便配合工程施工需要進行遷移或協調工作。 2.準備交通管制圖及起迄日期資料，接洽及取得主管單位和交警單位同意，並依法辦理公告後實施。
	擬定施工及品管計畫	1.按合約規定工期、工程內容及施工順序、配合人力、機具等應編訂工程預定進度表，並繪製網狀要徑圖，經審查後報請主辦單位備查。 2.擬訂各項主要工程計畫，其項目包括整地工程、景觀及土木工程、植栽工程和其他臨時設施工程等，並予認可後據以執行。
	其他	1.施工場地整備。 2.安全措施設置。

工作要項		工作內容
施工中	進度掌控	1. 控制工程進度，督導廠商機械、人力等資源調配。 2. 每日記錄、檢討施工進度及施工配合事宜。
	品管落實	1. 工程材料送審主辦單位檢驗。 2. 材料及施工品質檢查和文件管理。 3. 依據工程契約圖說訂定施工及品質計畫，並據以推動實施；稽核自主檢查表之檢查項目和檢查結果是否詳實等。 4. 交通安全管制及工地勞工安全管理。
	溝通協調	1. 相關單位與監造單位、業主單位工地事務協調。 2. 工程查核及品質督導相關事宜。
施工後		1. 施工竣工圖繪製。 2. 工程完工驗收相關事宜安排。 3. 完工結算相關文書作業處理。

5. 景觀管理師應具備之基本條件及工作要項

(1)基本條件：除與景觀工程師相同之外，尚須具備管理師證照。

(2)工作要項：

▌ 表 2-2　景觀管理師應具備之工作要項

工作要項	工作內容
工務行政	1. 監督承包商履行工程合約事宜。 2. 督導廠商對施工期間工程突發事件之緊急處理，並調查發生原因及經過。 3. 督導廠商竣工相關文件。 4. 訂定監造監工計畫。 5. 按時填寫監造監工日報表。 6. 會同有關單位辦理竣工檢驗。 7. 辦理竣工驗收資料審核及簽證，並協助業主辦理驗收。 8. 製作移交清冊及會同有關單位辦理移交。
品質查核	1. 督導承包商遵守勞工安全衛生法及環境保護法相關法令規定應辦之事項及執行。 2. 依勞工安全衛生法規章規定檢查施工環境之安衛事項，並督導承包商辦理。 3. 依據工程合約規定，對於材料、施工、設備進行審核、取樣及試驗工作，並填具查驗紀錄。 4. 對於材料、施工缺失部分，確實要求承包商立即改善，並確認改善成效。
進度掌控	1. 控制工程進度，督導承包商機械、人力等資源調配。 2. 定期或不定期檢討施工進度及施工配合事宜。 3. 審查承包商所提之展延工期。
工程文件審　核	1. 審核承包商提送之品管計畫書、施工計畫書、施工圖及施工進度。 2. 審核協調工區配置、交通維持、進出動線及工地安全。 3. 審核及核算工程估驗款。
施工會議	1. 召開施工會議檢討施工方法、工程進度及工程品管等事宜。 2. 辦理工程施工期間必要之其他會商協調事宜。

參考文獻

1. 王小璘、何友鋒，1990，苗栗縣大湖鄉石門休閒農業區規劃研究，行政院農委會，p.255。

2. 王小璘，2000，亞洲各國的景觀教育──兼述亞洲景觀教育學者聯盟備忘錄，造園季刊，36:9-24。

3. 王小璘、何友鋒，2002，臺中市城鄉風貌總體改造計畫，臺中市政府，p.383。

4. 王小璘，2002.9、12，景觀專業的定位與內涵──從新增「造園景觀職系職組」談起，造園季刊，44、45:5-14。

5. 王小璘，2009.3（春季號），再談國家公務人員高等考試──關於景觀高考科目命題大綱，造園季刊，台灣造園景觀學會，63:93-96。

6. 王小璘，2013，臺灣景觀專業發展與景觀教育「最後一哩」──兼談景觀（技）師養成，造園季刊，77:29-37。

7. 王小璘、何友鋒，2013，101 年臺中港路──臺灣大道景觀旗艦計畫成果報告，臺中市政府，p.160。

8. 王小璘，2014，景觀專業教育的反思與前瞻，臺灣建築學會會刊雜誌，75:42-46。

9. 王小璘、何友鋒，2021，臺灣園景，五南圖書出版，p.362。

10. 教育部國語辭典

   https://dict.revised.moe.edu.tw>dictView。

11. Amenican Society of Landscape Architects, (ASLA)

   https://en.wikipedia.org/wiki/American_Society_of_Landscape_Architects。

12. Edu 教育雲教育百科

   https://pedia.cloud.edu.tw?Entry>Detail= 范圍 - 教育百科。

13. International Federation of Landscape Architect, (IFLA)

   https://en.wikipedia.org/wiki/International_Federation_of_Landscape_Architects。

14. Landscape Institute, (LI)

   https://en.wikipedia.org/wiki/Landscape_Institute。

筆記欄

03

景觀規劃與設計方法
（Landscape Planning and Design Methods）

（一）景觀規劃方法（Landscape Planning Methods）

　　規劃行為係一種系統性的過程，在此一系統中，不但需把握既存的機能，同時必須以嚴謹的思維擬定一組決策以決定未來的行動。尤其在現今需求條件日益增多、機能愈行複雜之情況下，規劃行為必須透過系統方法（System Method），對於外部環境的各種模式（pattern）進行理性解析，將「質」的概念賦予科學「量」的分析，使分析結果達到最大量能，並於規劃各階段透過民眾實際參與，以期規劃構想之順利落實。

　　景觀規劃包括六個階段，每一階段內容須根據規劃性質再予細化。

第一階段：理論探討與基地選擇（Theory and Site Selection）

　　本階段係由瞭解計畫之緣起，探討不同規劃性質之思潮導論，分析其發展趨勢與現況，藉由相關理論深化規劃內涵，並經由國內外案例分析，研悉規劃區與周圍環境之和諧及資源之保護與運用等課題，同時將此納入各主要工作項目。

　　景觀規劃問題之最初課題，包括基地選擇和形成初步概念，前者乃在多於一個基地而業主又無法選定之情況下，由景觀規劃師對這幾個基地之性質、潛力、現況和周圍環境等充分瞭解，作出評估與抉擇後，提供業主參探；若基地十分明確，則此部分可予以省略。後者則經由規劃師之專業判斷，加上業主對規劃內容之要求，經彙整後提出整體的計畫目標和願景。

　　初步研究和諮詢對象包括：

　　1. 業主（client）和使用者（users）；後者包括現有及潛在者。
　　2. 已發表之文獻及類似之計畫書等。
　　3. 相關案例。

第二階段：可行性分析與評估（Feasibility Analysis and Evaluation）

可行性研究之主要目的在於：

1. 記錄規劃者對基地的最初看法。
2. 決定基地之主要用途。
3. 評估因基地條件和業主需求間所產生之問題和矛盾。
4. 擬定初步規劃方針。
5. 作為不受計畫限制之規劃目標。
6. 避免作不必要之調查與分析，使工作能聚焦於重要因素之待解決問題。

本階段係探討與本計畫有關之各項上位及相關計畫與法規，分析其對本計畫之指導及約束，據以分析各項環境，包括自然環境（地形地貌、坡度坡向、地質土壤、水文水質、微氣候及動植物等）、社經環境（歷史沿革、人文風俗、建築聚落、土地使用、交通運輸與公共設施、產業結構等）、視覺環境品質、景觀意象、觀光與遊憩系統等；並透過訪談、問卷調查、公聽會及工作坊等民眾參與，瞭解使用者需求，發掘基地問題、限制條件及發展潛力，及其對規劃區未來發展之建議與認同。

此外，可行性研究還須包括：

1. 基地本身和鄰近土地現有和計畫中之發展計畫及土地權屬。
2. 可能影響基地的一般性因素，如微氣候、現有及未來可能產生的人為捷徑（desired lines）、出入口、服務性設施、現有生物（包括動植物、鳥類、昆蟲等）、水源、排水、地形地貌、視域及視覺品質等。
3. 未來可能之用途，包括可能提供之設施及活動。
4. 對基地條件和發展計畫作初步之評估和分析。
5. 相關案例之借鑒。

第三階段：確定規劃範圍、建立計畫目標與規劃準則（Scope of the Site, Planning Goals and Criteria）

本階段係探討並確定規劃範圍和計畫目標與規劃準則，參酌業主及規劃區使用者對本計畫之相關意見，以提高計畫之可行性。其中範圍之界定，包括研究區（大範圍）與規劃區（小範圍）之確定。

第四階段：整體規劃（Comprehensive Planning）

透過上述明確之計畫目標和規劃準則，提出土地使用替選方案，並檢核其與聯合國永續發展目標 SDGS 及 NBS 之關聯性。整體規劃以平面配置圖及概念圖表示之。

第五階段：細部計畫（Detailed Planning）

基於計畫目標和願景，確定整體配置計畫，並發展各系統之細部計畫，包括交通動線、生態保育及水土保持、植栽綠美化、觀光遊憩、導覽解說、排給水及照明、公共設施及色彩等計畫，並以平面配置圖、剖面圖及構想示意圖表示之。配合各項細部計畫，擬定執行計畫，以為未來本區整體發展與開發之參考依據。

第六階段：執行計畫

執行計畫包括分期分區計畫、財務計畫、經營及管理維護計畫，以及管制及設計規範，並提出可資量化之預期成效，如綠色內涵比例（%）、減碳量（kg/m^2）、綠美化面積（m^2）、提升綠覆率（%）、增加公園綠地或開放空間面積（m^2）、增加或改善人行徒步空間面積（m^2）、增加濕地或生態池面積（m^2）、增加透水舖面面積（m^2）、河川水岸或海岸綠美化面積（m^2）、閒置空間再利用面積（m^2）、運用生態工法進行改造之面積（m^2）、增加觀光遊客人數（人次）、創造在地就業機會（人）等執行績效指標（表 3-1）。

第七階段：規劃作業完成

於上述各階段作業完成回饋評估及決策後，若該項計畫屬新建公共工程相關規範之範圍，則需提交「公共工程生態檢核自評表」（表 3-2），經確認無誤後製作成果報告書圖，規劃作業才算完成。

爰此，以景觀規劃「五化」原則作一總結：

- 視野國際化
- 思維本土化
- 內涵創新化
- 科技人文化
- 經營永續化

依據上述之工作項目與內容，擬定規劃流程如圖 3-1。

表 3-1 執行績效指標

執行績效指標	預期成效	
	勾選	數量
1 綠色內涵比例（%）		
2 減碳量（kg/m^2）		
3 綠美化面積（m^2）		
4 提升綠覆率（%）		
5 增加公園綠地或開放空間面積（m^2）		
6 增加或改善人行徒步空間面積（m^2）		
7 增加濕地或生態池面積（m^2）		
8 增加透水舖面面積（m^2）		
9 減少不透水舖面面積（m^2）		
10 河川水岸或海岸簡易整理美化面積（m^2）		
11 閒置空間再利用面積（m^2）		
12 運用生態工法進行改造之面積（m^2）		
13 增加觀光遊客數（人次）		
14 創造在地就業機會（人）		
15 其他		

▌表 3-2　公共工程生態檢核自評表*

<table>
<tr><td rowspan="9">工程基本資料</td><td>計畫及工程名稱</td><td colspan="3"></td></tr>
<tr><td>設計單位</td><td></td><td>監造廠商</td><td></td></tr>
<tr><td>主辦機關</td><td></td><td>營造廠商</td><td></td></tr>
<tr><td>基地位置</td><td colspan="2">地點：＿＿ 市（縣）＿＿ 區（鄉、鎮、市）＿＿ 里（村）＿＿ 鄰
TWD97 座標 X：＿＿　Y：＿＿</td><td>工程預算／經費（千元）</td></tr>
<tr><td>工程目的</td><td colspan="3"></td></tr>
<tr><td>工程類型</td><td colspan="3">□交通、□港灣、□水利、□環保、□水土保持、□景觀、□步道、□建築、□其他 ＿＿</td></tr>
<tr><td>工程概要</td><td colspan="3"></td></tr>
<tr><td>預期效益</td><td colspan="3"></td></tr>
</table>

<table>
<tr><td>階段</td><td>檢核項目</td><td>評估內容</td><td>檢核事項</td></tr>
<tr><td rowspan="8">工程計畫核定階段</td><td colspan="3">提報核定期間：　年　月　日至　年　月　日</td></tr>
<tr><td>一、專業參與</td><td>生態背景人員</td><td>是否有生態背景人員參與，協助蒐集調查生態資料、評估生態衝擊、提出生態保育原則？
□是　　□否</td></tr>
<tr><td rowspan="2">二、生態資料蒐集調查</td><td>地理位置</td><td>區位：□法定自然保護區　□一般區
（法定自然保護區包含自然保留區、野生動物保護區、野生動物重要棲息環境、國家公園、國家自然公園、國有林自然保護區、國家重要濕地、海岸保護區……等。）</td></tr>
<tr><td>關注物種、重要棲地及高生態價值區域</td><td>1. 是否有關注物種，如保育類動物、特稀有植物、指標物種、老樹或民俗動植物等？
□是＿＿＿＿＿＿＿＿
□否
2.工址或鄰近地區是否有森林、水系、埤塘、濕地及關注物種之棲地分布與依賴之生態系統？
□是＿＿＿＿＿＿＿＿
□否</td></tr>
<tr><td rowspan="2">三、生態保育原則</td><td>方案評估</td><td>是否有評估生態、環境、安全、經濟及社會等層面之影響，提出對生態環境衝擊較小的工程計畫方案？
□是　□否</td></tr>
<tr><td>採用策略</td><td>針對關注物種、重要棲地及高生態價值區域，是否採取迴避、縮小、減輕或補償策略，減少工程影響範圍？
□是
□否</td></tr>
</table>

階段	檢核項目	評估內容	檢核事項
		經費編列	是否有編列生態調查、保育措施、追蹤監測所需經費？ □是_____ □否
	四、民眾參與	現場勘查	是否邀集生態背景人員、相關單位、在地民眾及關心生態議題之民間團體辦理現場勘查，說明工程計畫構想方案、生態影響、因應對策，並蒐集回應相關意見？ □是 □否
	五、資訊公開	計畫資訊公開	是否主動將工程計畫內容之資訊公開？ □是 □否
規劃階段	規劃期間： 年 月 日至 年 月 日		
	一、專業參與	生態背景及工程專業團隊	是否組成含生態背景及工程專業之跨領域工作團隊？ □是 □否
	二、基本資料蒐集調查	生態環境及議題	1. 是否具體調查掌握自然及生態環境資料？ □是 □否 2. 是否確認工程範圍及周邊環境之生態議題與生態保全對象？ □是 □否
	三、生態保育對策	調查評析、生態保育方案	是否根據生態調查評析結果，研擬符合迴避、縮小、減輕及補償策略之生態保育對策，提出合宜之工程配置方案？ □是 □否
	四、民眾參與	規劃說明會	是否邀集生態背景人員、相關單位、在地民眾及關心生態議題之民間團體辦理規劃說明會，蒐集整合並溝通相關意見？ □是 □否
	五、資訊公開	規劃資訊公開	是否主動將規劃內容之資訊公開？ □是 □否
設計階段	設計期間： 年 月 日至 年 月 日		
	一、專業參與	生態背景及工程專業團隊	是否組成含生態背景及工程專業之跨領域工作團隊？ □是 □否
	二、設計成果	生態保育措施及工程方案	是否根據生態評析成果提出生態保育措施及工程方案，並透過生態及工程人員之意見往復確認可行性後，完成細部設計？ □是 □否
	三、民眾參與	設計說明會	是否邀集生態背景人員、相關單位、在地民眾及關心生態議題之民間團體辦理設計說明會，蒐集整合並溝通相關意見？ □是 □否

階段	檢核項目	評估內容	檢核事項
	四、資訊公開	設計資訊公開	是否主動將生態保育措施、工程內容等設計成果之資訊公開？ □是　□否
施工階段	施工期間：　　年　月　日至　　年　月　日		
	一、專業參與	生態背景及工程專業團隊	是否組成含生態背景及工程背景之跨領域工作團隊？ □是　□否
	二、生態保育措施	施工廠商	1. 是否辦理施工人員及生態背景人員現場勘查，確認施工廠商清楚瞭解生態保全對象位置？ □是　□否 2. 是否擬定施工前環境保護教育訓練計畫，並將生態保育措施納入宣導？ □是　□否
		施工計畫書	施工計畫書是否納入生態保育措施，說明施工擾動範圍，並以圖面呈現與生態保全對象之相對應位置？ □是　□否
		生態保育品質管理措施	1. 履約文件是否有將生態保育措施納入自主檢查，並納入其監測計畫？ □是　□否 2. 是否擬定工地環境生態自主檢查及異常情況處理計畫？ □是　□否 3. 施工是否確實依核定之生態保育措施執行，並於施工過程中注意對生態之影響，以確認生態保育成效？ □是　□否 4. 施工生態保育執行狀況是否納入工程督導？ □是　□否
	三、民眾參與	施工說明會	是否邀集生態背景人員、相關單位、在地民眾及關心生態議題之民間團體辦理施工說明會，蒐集整合並溝通相關意見？ □是　□否
	四、資訊公開	施工資訊公開	是否主動將施工相關計畫內容之資訊公開？ □是　□否
維護管理階段	一、生態效益	生態效益評估	是否於維護管理期間，定期視需要監測評估範圍之棲地品質並分析生態課題，確認生態保全對象狀況，分析工程生態保育措施執行成效？ □是　□否
	二、資訊公開	監測、評估資訊公開	是否主動將監測追蹤結果、生態效益評估報告等資訊公開？ □是　□否

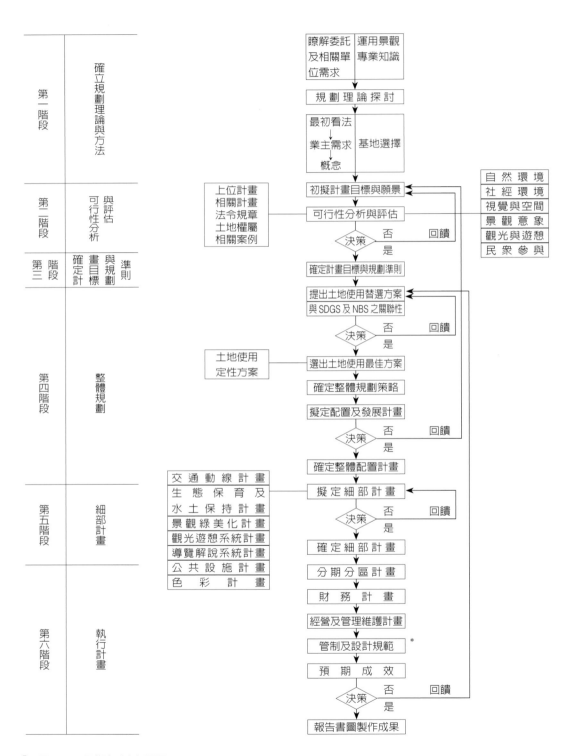

第一階段　確立規劃理論與方法

第二階段　可行性分析　評估與分析

第三階段　確定計畫目標　準則與規劃

第四階段　整體規劃

第五階段　細部計畫

第六階段　執行計畫

瞭解委託及相關單位需求　運用景觀專業知識

規劃理論探討

最初看法→業主需求→概念　基地選擇

初擬計畫目標與願景

可行性分析與評估

上位計畫 相關計畫 法令規章 土地權屬 相關案例

決策　否　回饋　是

確定計畫目標與規劃準則

提出土地使用替選方案 與SDGS及NBS之關聯性

決策　否　回饋　是

土地使用 定性方案

選出土地使用最佳方案

確定整體規劃策略

擬定配置及發展計畫

決策　否　回饋　是

確定整體配置計畫

交通動線計畫 生態保育及水土保持計畫 景觀綠美化計畫 觀光遊憩系統計畫 導覽解說系統計畫 公共設施計畫 色彩計畫

擬定細部計畫

決策　否　回饋　是

確定細部計畫

分期分區計畫

財務計畫

經營及管理維護計畫

管制及設計規範 *

預期成效

決策　否　回饋　是

報告書圖製作成果

自然環境 社經環境 視覺與空間 景觀意象 觀光與遊憩 民眾參與

圖 3-1　景觀規劃流程圖

* 中央政府各機關辦理新建工程或直轄市政府及縣（市）政府辦理受中央政府補助比率逾工程建造經費百分之五十之新建公共工程時，須辦理生態檢核作業（表 3-2）。但有下列情形之一者，不在此限：1. 災後緊急處理、搶修、搶險；2. 災後原地復建；3. 原構造物範圍內之整建或改善且經自評確認無涉及生態環境保育議題；4. 已開發場所且經自評確認無涉及生態環境保育議題；5. 規劃取得綠建築標章並納入生態範疇相關指標之建築工程；6. 維護管理相關工程。前項辦理生態檢核作業，以該工程影響範圍為原則。

(二) 景觀設計方法

景觀設計之**調查**工作主要包括生態環境、社會環境、人文環境、視覺品質以及法令規章。其中，生態環境包括微氣候、地形、地質、土壤、水文、生物、汙染及潛在植被等。社會環境則必須調查現有及潛在使用者之年齡結構、意願、參與感、認同感和空間私密性；並考慮可能提供之設施和活動所賦予之教育性、安全性和舒適性等。經濟環境包括在地產業、相關建設和物流。視覺品質則包括點（景觀點和觀景點）、線、面之視域分析及空間視覺美質等。人文環境包括環境紋理、區域性格及地方自明性、歷史文物、與周邊環境之關係。法令規章則為達成設計目標之前提。

分析工作以 SWOTS 為手段，其主要目的為：

1. 尋求一個較合理之設計解答（design solution）。
2. 確定解決問題之系統途徑（systematic approach）。
3. 提供設計師與業主間溝通及相互瞭解之資料（data materials）。
4. 藉以評估調查資料並形成設計方針（design strategy）。

因此，這項工作必須包含四個部分：

第一、問題（Problems）：包括設計要求（design brief）和基地分析（site analysis）。前者需闡明業主在實質、社會和視覺等方面之需求。若業主未提出這些需求，則設計師需經調查、研究及討論後，徵得業主同意，始得確定設計要求。

基地分析則根據調查所得之資料作進一步的個別分析，如現有植物之種類、生長狀況、年齡、位置、形狀及顏色等；基地內外視覺品質是否良好？交通系統是否合理？道路寬度及路面材料是否恰當？現有戶外傢俱之種類、型式、大小、數量、材料及位置是否適合等，據以找出基地之「問題」所在；此處之「問題」例如：基地過於平坦或開闊、缺乏視覺變化、基地使用率不

高、沒有或缺乏設施、缺少適當之出入口、土質不良、空氣汙染問題嚴重、生態環境受到干擾或嚴重破壞、生物棲地受到人為活動干擾及衝擊、土地權屬尚待解決等等。

第二、限制因素（Constraints）：限制基地未來之發展，其可能來自內在（基地本身）和外在（業主要求）。因此，應根據前述之「問題」進行評估。

第三、潛力（Potentials）：評估基地潛力之目的在於協助形成設計構想，因此，必須確定並說明基地整體及各個面向之潛力，並予以定性定量；同時評估基地可能發生之任何改變或因這些改變對基地環境可能造成之影響。

第四、假設（Assumptions）：綜合初步設計方針、設計要求及對基地限制條件和潛力之評估結果據以提出假設，即一般所謂的設計原則；除提供滿足解決問題之解答，尚需考慮經費問題，以為設計時之參考依據。

經由活動適宜性分析、導入適宜活動，進行土地適宜性及空間需求，進而提出土地使用替選方案，藉由評估原則選出土地使用最佳方案，據以提出主要計畫。

替選方案之意義乃透過一系列客觀的評估方法，在一個以上可能之解答中找出最佳解答。其過程係根據設計原則作出兩個以上替選方案（alternatuves），之後選定適當之評估方法，例如比較法（Comparison Methods），分級法（Rating Methods），視覺偏好法（Visual Preference Methods）或列表法（Checklists）等，經檢核與 SDGS、NBS 之關聯性，於回饋（feedback）修正後，即產生主要計畫（master plan）。

景觀設計之**主要計畫**包括在上位及相關計畫、法令規章之制約下，研擬土地使用分區（land use plan）、動線系統（circulation system）、剛性景觀元素（hard landscape），如建築物、設施、舖面等，及軟性景觀元素（soft landscape），如樹林、草坪、水域等之分布和比例、可能之種類、量體及位置、地形地貌，以及既有設施（包括地上與地下）和植物之去留等，使業主容易瞭解設計者之構想，並提高使用者之參與、接受和有效利用，以及維護一個高品質之環境景觀。此階段可將主要計畫書圖、透視圖、示意圖、模型、視覺或 3D 模擬影像、空拍圖等公開展示，並透過使用者意見抽樣調查、網路媒體及**民眾參與**（public participation）等方式，彙整多數人意見後，修正主要計畫，據以發展細部設計，並以平面配置圖表示。

景觀之**細部設計**應至少包括下列幾項：

1. 全區地形高低差之確定、台階及坡道（含無障礙坡道）之設置等；
2. 道路（包括車道及步道）之寬窄、坡度及材料等；

3. 各景觀元素之規格大小、型式以及各元素間之界面關係，如人工舖面與草皮、水域與護岸等。

4. 建築物之型式、高度、位置及對外出入口等；

5. 水域之型式、面積、深度及水流流向等；

6. 植物種類（包括既有、新植及移植）、位置、數量、高度、冠幅及米徑等；

7. 除植物外之景觀設施（如人工舖面、花架、涼亭等）之材料、規格、尺寸、顏色、質地、數量和位置等。

施工圖係將細部設計圖中設施之規格、尺寸、材料、數量及施工方法，以及基地中新植、保留、移植的植物保全與種植方法，以圖面及文字具體說明的一種圖說，以為承包商施工營造之依據。

同時根據施工圖編製預算書、單價分析、施工進度表、施工規範及說明書，經法令程序發包議價後訂定合約，並達成造價協議。合約雙方分別為業主與設計者以及業主與承包商。

施工期間設計者應依契約負起監工之責，監督營造業者、檢驗景觀材料之品質、規格、尺寸及數量、檢查施工安全、並簽發領款證明，以及解釋工程上之一切糾紛和疑問，以確保工程進行順利及施工品質。

一個成功的景觀，管理維護工作與規劃、設計及施工，占有同等重要的地位。管理維護之主要目的為：

1. 營造高品質之環境景觀。

2. 保障使用者之安全舒適。

3. 促進生物之生長繁殖。

4. 確保生物棲地之延續。

5. 維持各種設施之使用年限。

6. 提高土地之經濟效益。

設計者應提供一套完整可行之**管理維護計畫**，使業主充分瞭解其重要性，並能據以實施。若該項計畫屬新建公共工程相關規範之範圍，則需提交「公共工程生態檢核自評表」（表 3-2），經確認無誤後景觀設計作業才算完成。

除了上述設計內容之外，更重要的是透過設計者的靈感、想像、直覺與創意，凝聚出具有創意性的思維，使景觀設計作品在科學與哲學的交融與滲透中，展現出一個理性與感性、科技與人文、生態與文化的綜合體。

景觀設計流程如下（圖 3-2）：

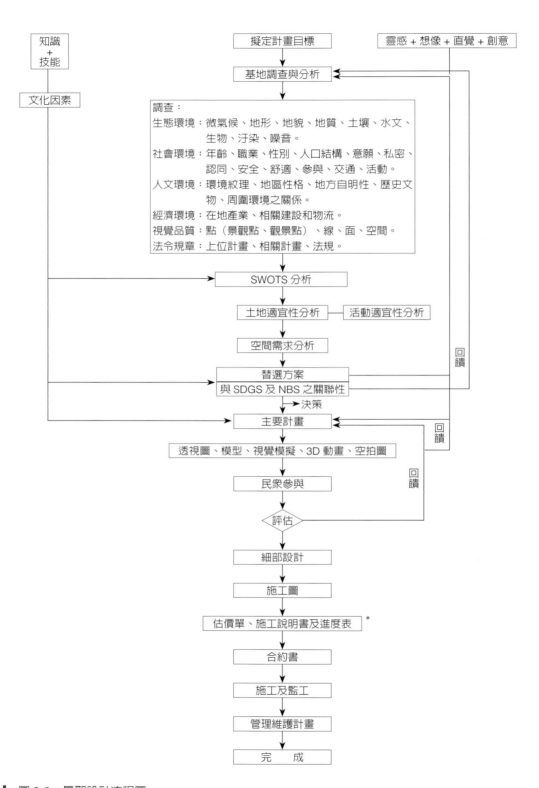

圖 3-2　景觀設計流程圖

　　一代景觀設計宗師 Richard Eckbo 曾於 1956 年提出經典名句：「Design is a process of problem-solving」（設計是一項解決問題的過程）。

　　隨著時間長河的推移，景觀設計也起了很大的質變，如設計理念與手法由國際回歸本土，城市走進鄉村，奢華轉為簡約，高維護轉向低維護。

　　爰此，乃提出景觀設計「五宜」原則，落實景觀規劃「五化」原則，並向一代宗師致敬：

景觀設計「五宜」原則：

一宜「因地制宜，雖由人作，宛自天開」，

二宜「主題明確，層次有序，相互融合」，

三宜「寓意曲折，含蓄內斂，引人入勝」，

四宜「景觀空間，節奏有序，協調連續」，

五宜「建築環境，有機結合，增色湖山」。

　　進而以「小蓬萊手法」細化景觀設計內涵（引用自凌德麟及汪原洵兩位先師課程教材）：

　　　　門內有徑，徑欲曲。徑轉有屏，屏欲小。屏進有階，階欲平。

　　　　階畔有花，花欲鮮。花外有牆，牆欲低。牆內有松，松欲古。

　　　　松底有石，石欲怪。石面有亭，亭欲樸。亭後有竹，竹欲疏。

　　　　竹盡有室，室欲幽。室旁有路，路欲分。路合有牆，牆欲穩。

　　　　牆邊有樹，樹欲高。樹蔭有草，草欲青。草上有渠，渠欲細。

　　　　渠引有泉，泉欲瀑。泉去有山，山欲深。山下有屋，屋欲方。

　　　　屋角有圃，圃欲寬。圃中有鶴，鶴欲舞。鶴報有客，客欲不俗。

　　　　客至有酒，酒欲不却，酒行有醉，醉欲不歸。

(三) 生態理念在景觀設計之應用

1. 生態設計理念

生態設計係指應用生態原理於設計的工作。經由生態設計可提供三個減少環境危機之策略，即保育（conservation）、再生（regeneration）及管理（management）。

生態設計是一種生活態度，也是一種生活美學，它不僅是一種應用科學，更含有動態回饋（feedback）之概念。動態回饋包括材料回饋、環境資源回饋及人為管理回饋；同時呼應永續發展所強調之 3R＋L，即減量（reduce）、循環（recycle）再利用（reuse）和低維護（low maintenance）原則；進而呼應聯合國永續發展目標（Sustainable Development Goals，SDGS）之達成。

Van der Ryn & Cowan 曾於 1996 年歸納出五個設計原則，即：(1) 因地制宜之設計方案；(2) 生態量化資訊作為設計參考資訊；(3) 配合自然之設計；(4) 人人皆是設計者；(5) 讓自然清晰可見。

▌配合自然的設計

▌人人皆是設計者（居民自發動手做）

足見生態設計與傳統設計有著本質上的差異：

▌表 3-3　生態設計與傳統設計的差異

面向	傳統設計	生態設計
能源	消耗自然資源，依賴不可再生能源，包括石油和核能。	充分利用太陽能、風能、水能、和生物能。

面向	傳統設計	生態設計
材料利用	過度使用高質量材料,使低質材料變為有毒、有害物質,遺存在土壤中或釋放入空氣。	循環利用可再生物質。
汙染	大量、氾濫。	減少到最低限度。
有毒物	普遍使用,從除蟲劑到塗料。	謹慎使用。
生態測算	只出於規定要求而做,如環境影響評估。	貫穿於專案整個過程的生態影響測算。
生態學和經濟學關係	視兩者為對立,眼光短期。	視兩者為統一,眼光長遠。
對生態環境的敏感性	規範化的模式在全球重複使用,很少考慮地方文化和場所特徵,摩天大樓從紐約到上海,如出一轍。	因生態環境不同而有變化。
自然作用	設計強加在自然之上,以實現對自然的控制和狹隘地滿足人類的需求。	與自然合作,儘量利用自然的能動性和自癒能力。
對文化環境的敏感性	全球文化趨同,損害人類的共同財富。	尊重與培植地方傳統知能和材料。
生物、文化和經濟的多樣性	使用標準化的設計,高耗能和材料浪費,從而導致生物文化及經濟多樣性的損失。	維護生物多樣性和與當地相適應的文化及經濟支撐。
設計指標	習慣、舒適、經濟學的。	人類和生態系統的健康、生態經濟學的。
知識基礎	狹窄的專業指向,單一的。	綜合多個設計學科以及廣泛的科學。
空間尺度	較局限於單一尺度。	綜合多尺度。
整體系統	畫地為牢,以人定邊界為限,不考慮自然過程的連續性。	以整體系統為物件。
可參與性	依賴專業術語和專家,忽視民眾參與。	致力於廣泛而開放性討論,人人都是設計的參與者。
學習的類型	自然和技術是掩藏的,設計無益於教育。	自然過程和技術是顯露的,設計帶我們走近維持我們的系統。
潛在寓義	機器、產品、零件。	細胞、機體、生態系。
對可持續危機的反應	視文化與自然為對立物,試圖通過微弱的保護措施來減緩事態的惡化,而不追究更深的、根本的原因。	視文化與生態為潛在的共生物。

2. 生態復育

生態復育強調環境之保育與再生策略。

National Research Council 定義復原（restoration）是恢復生態系到一個接近它原來非受干擾的狀態；復育（rehabilitation）是改善此系統至可供運作的程序；即是以自然再生爲基礎，並成功建立一個自我維持正常生態過程的系統，同時重建生物與其環境間因人類干擾而喪失之聯繫。其主要內容包含生態願景（ecological perspective）和生態復育規劃及設計。

3. 生態綠化設計理念

生態綠化又稱生態學的綠化，意指符合生態學理念的綠化，以人工造林方法達成植物社會之最終極林相。

(1)設計理念：主要在於營造當地綠環境，以回復遭到破壞及不足之綠地面積，進而改善當地的環境生態。

(2)設計準則：其原則在於以濃縮式自然環境爲基礎，強調基質（stratum）條件、植被（flora vegetation）要素、多孔質（porous）空間、多種類（variety）環境及連續性（continuous）空間等環境之營造。其重點如下：

A. 基質條件：

  a. 土壤基質應控制硬質舖面面積比例，增加具透水性、通氣性的綠地面積，創造高低不同、乾濕皆備的地形變化，並提供土壤基質，以利直接種植植物。

  b. 土壤成分可藉由設置有機堆肥，補充土壤肥力，利用水塘及排水溝的水資源，增加土壤水分涵養。

B. 植物要素：

  a. 植物選種應以在地種爲佳，避免外來種之入侵，造成當地環境生態基質改變。

  b. 外來種經長期馴化且適應於當地風土者。

  c. 種植植物應避免大量單一種類，而以混植方式爲宜。

  d. 喬木和灌木避免大幅度修剪，特別是修剪成工整劃一的樣態。

  e. 植物移植應注意其適宜之季節和工法，並以現地移植爲優先考量。

  f. 增加原生自然草原（grassland）。

  g. 廣植食草植物、蜜源植物及誘蝶誘鳥植物，以增加環境基盤之多樣性。

  h. 可利用植物種類於不同季節所呈現之特色與變化妥善搭配，以豐富環境景觀之變化。

▎民眾主動修剪維護　　　　　　▎樹木高空修剪師著裝修枝剪葉

(3)多種類環境：

A.利用植物特性，營造不同的生物棲地。

B.建立適當比例之混植密林區（jungle）或荒野區（wilderness），減少人類進入干擾，營造一個可提供野生動物生存的環境。

C.植物種類除了以在地物種之多樣性為選擇原則之外，應多運用生物防治原理及包含縱向垂直和橫向水平之複層植栽手法。

D.整體生態綠化應加強植物的歧異度，以達到環境之穩定性。其包含了植物品種及其在植物社會所占之比例（最好約略相等）以及植物年齡之多樣性。

E.採用「多層次雜生混植」，以不同樹種、不同生長速度之不同高低喬木、灌木、地被和蔓藤植物混合種植，並僅作最小幅度的修剪管理。

(4)多孔質空間：

A.多樣化植栽搭配亂石堆、廢棄枯木、土丘、岩洞等天然材料與環境，營造「濃縮自然」之空間，以利生物之棲息和生存。

B.避免硬質舖面之設置，增加軟性舖面之比例，不僅增加植物生長環境之面積，更有利於生物之生存與繁衍。

(5)連續空間：

A.儘可能維持大綠地之保存，因大而連續的綠地比相同面積卻分散的小型

綠地，更有助於維持生物多樣性及穩定生態之平衡。

B. 應考量植物、水路、水塘等環境之串連，以連續空間營造生物遷徙之生態廊道。

C. 避免於自然環境設置人工設施，如道路、擋土牆、圍牆等而破壞環境生態之連續性。

D. 在既有之道路或河川沿線廣設綠帶，使整體環境空間得以串聯，並提供生物棲息地。

▌ 生態池可提供野生動物生存的環境

▌ 水岸沿線綠帶作整體環境串聯可提供生物棲息

4. 景觀生態綠化

景觀生態綠化是以景觀生態學觀念，建構環境綠化機制；此質量具優的綠色環境，對涵養水源、淨化空氣等有較大的環境保全功能，並具有建造成本低、抗害力強、管理量低及容易維持綠化績效等特徵。其原則爲不僅強調基質條件、植物要素、多孔質空間、多種類環境與連續空間等的環境的創造，尚須考量整體環境生態網路之建構。

5. 景觀生態工法設計理念

景觀生態工法是以當地之自然生態結構爲基礎，運用適合之自然素材與環境之自我回復能力，以達成生態平衡、結構安全、資源永續之工程技術。

景觀生態工法執行原則是以尊重自然、型塑自然之手法，達致環境景觀生態永續之目的。

(1)平面規劃：

　　A.基地內應同時具備大小嵌塊體（patch），並相互聯繫。

　　B.邊緣（edge）形狀應儘可能複雜。

　　C.增加邊緣棲地（habitat）與物種接觸的機會，以曲線代替直線。

　　D.應具備完整的大嵌塊為中心，並以手指狀延伸與週遭環境交互作用。

　　E.設置邊緣帶，以降低週遭干擾。

　　F. 營造至少30公尺寬的生態交錯帶（eco-tone），以增加棲地多樣性（diversity）和物種豐富性（richness）。

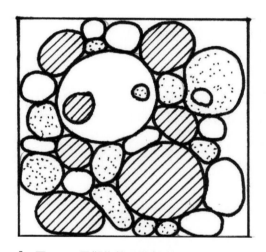

▌ 圖 3-3　景觀生態平面規劃
　　資料來源：王小璘，1997，景觀規劃設計理論與實務。

(2)縱斷面規劃：

　　A.減少直線型式縱斷面設計。

　　B.保存河川原有之深潭與淺灘，並儘可能增加其數量。

　　C.避免阻斷生態廊道之延續性。

(3)橫斷面規劃：

　　A.維持水域和陸域之連續性。

　　B.減少直線型式之橫斷面設計。

　　C.邊坡或護岸在安全考量之前提下，設計多孔隙環境。

　　D.從水邊至高灘地，應生態性豐富，並以生態綠化之植生環境提供生物棲息場所。

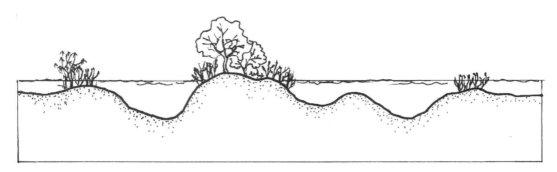

▍ 圖 3-4　景觀生態縱斷面規劃
資料來源：王小璘，1997，景觀規劃設計理論與實務。

6. 低維護植栽選種原則（適用於各類環境植栽設計）

⑴生長強健、抵抗病蟲害能力強。

⑵對日照、土壤、水分要求度低，即耐陰、耐貧瘠、耐旱、耐風、耐鹽、耐空汙、耐濕。（植物種類可參考「總論 08 各類環境景觀植物種類」）

⑶生長速度緩慢、但枝條能平均生長。

⑷在地的及馴化後適應性高的外來種植物。

⑸混合喬灌木種類及地被植物和草種。

▍ 自然植生的林相

▍ 在地植物所需維護較低

　　景觀生態設計方法適用於自然度要求較高和需低維護的地區，其設計流程如圖 3-5。

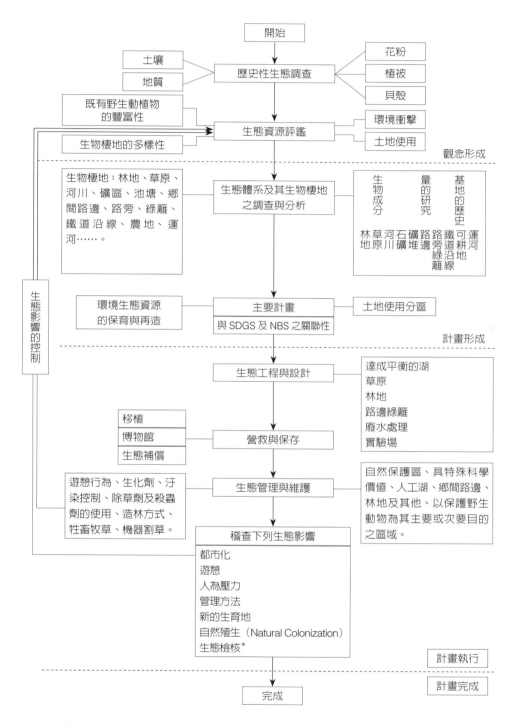

圖 3-5　景觀生態設計流程圖

參考文獻

1. 王小璘，1982，新市鎮的景觀規劃與生態，建築師，8(2):36-43。

2. 王小璘，1982、1983，住宅社區的景觀規劃與設計，建築徵信，164:25-29；165:32-40；166:41-44；167:15-20。

3. 王小璘、何友鋒，1990，臺中發電廠景觀規劃與設計研究，臺灣電力公司，p.179。

4. 王小璘，1997，景觀規劃設計理論與實務，中華民國經濟發展研究院景觀設計管理師專修班，(L2-1):1-18。

5. 王小璘，2020，屋頂生態綠化與實例分享，高雄綠屋頂計畫民眾參與講座。

6. 內政部全球資訊網──公共工程生態檢核自評表
https://ws.moi.gov.tw>Download。

7. 公共工程生態檢核注意事項（110 年）
https://lawweb.pcc.gov.tw/LawContent.aspx?id=GL000049。

8. 經濟部水利署生態檢核
https://www.wra.gov.tw>media> 生態檢核。

04

國家考試及景觀命題大綱
（National Examination and Outline of Proposition）

（一）國家考試資格

　　舉辦國家考試之目的，在貫徹憲法考試用人精神，加強教、考、訓、用之配合，拔擢優秀人才，以應社會需要；舉辦是項考試，不僅反映時代潮流和國際趨勢，同時對舉辦考試的職類、在專業領域上的肯定和需求有指標作用。

　　我國國家考試可分高考三級、普通考試及特考三種。茲將各級考試資格和景觀及相關專業領域考試科目說明如下：

1. 高考一級考試資格：具公立或依法立案之私立大學研究院、所，或符合教育部採認規定之國外大學研究院、所畢業，得有博士學位證書者。依職業管理法律規定須有專門職業證書始能執行業務者，應具各該類科專門職業證書始得報考。

2. 高考二級考試資格：具公立或依法立案之私立大學研究院、所，或符合教育部採認規定之國外大學研究院、所畢業，得有農學、理學碩士以上學位證書者；具有碩士以上學位，所修習之所系符合公務人員高等考試三級考試同類科應考資格第一款列舉之各所、系、組、學位學程者。

3. 高考三級考試資格：公立或依法立案之私立獨立學院以上學校或符合教育部採認規定之國外獨立學院以上學校土木、工業設計、水土保持、水土保持技術、水資源及環境工程、市政、生物、生物多樣性、生物環境工程、生物環境系統工程、休閒事業管理、自然資源、林業、林業暨自然資源、空間設計、室內與景觀設計、建築、建築及城鄉、建築與都市計畫、建築與都市設計、建築與景觀、造園景觀、都市計畫、都市計畫與景觀建築、都市設計、都市發展與建築、景觀、景觀建築、景觀設計、景觀設計與管理、景觀與遊憩、景觀與遊憩管理、森林、森林暨自然保育、森林環境暨資源、植物、園藝、農村規劃、農業工程、

農業經營、農藝、營建工程、環境工程、環境工程與管理、環境科學、環境與防災設計、觀光遊憩各院、系、組、所、學位學程畢業得有證書者；經高等考試或相當高等考試之特種考試相當類科及格，普通考試或相當普通考試之特種考試相當類科及格滿三年者；或經高等檢定考試相當類科及格者。

4. 普通考試資格：具高等考試同類科應考資格第一款資格者；公立或依法立案之私立工業職業學校或高級中學以上學校或國外相當學制以上學校工科或其他工科同等學校相當類科畢業得有證書者；經普通考試以上考試或相當普通考試以上之特種考試相當類科及格，初等考試或相當初等考試之特種考試相當類科及格滿三年者；或經高等或普通檢定考試相當類科及格者。

5. 特種考試資格：具公立或依法立案之私立獨立學院以上學校或符合教育部採認規定之國外獨立學院以上學校土木、工業設計、水土保持、水土保持技術、水資源及環境工程、市政、生物、生物多樣性、生物環境工程、生物環境系統工程、休閒事業管理、自然資源、林業、林業暨自然資源、空間設計、室內與景觀設計、建築、建築及城鄉、建築與都市計畫、建築與都市設計、建築與景觀、造園景觀、都市計畫、都市計畫與景觀建築、都市設計、都市發展與建築、景觀、景觀建築、景觀設計、景觀設計與管理、景觀與遊憩、景觀與遊憩管理、森林、森林暨自然保育、森林環境暨資源、植物、園藝、農村規劃、農業工程、農業經營、農藝、營建工程、環境工程、環境工程與管理、環境科學、環境與防災設計、觀光遊憩各院、系、組、所、學位學程畢業得有證書者；經高等考試或相當高等考試之特種考試相當類科及格者；經普通考試或相當普通考試之特種考試相當類科及格滿三年者；或經高等檢定考試相當類科及格者。

(二) 景觀及相關專業考試科目

1. 112 年公務人員高等考試三級考試景觀及相關專業領域考試科目

景觀	國文、法學知識與英文、景觀植物學與景觀生態學、景觀學概論、景觀行政與法規、景觀規劃、景觀工程、景觀與都市設計
建築工程	國文、法學知識與英文、建管行政、營建法規、建築結構系統、建築環境控制、建築營造與估價、建築設計
土木工程	國文、法學知識與英文、測量學、營建管理與工程材料、鋼筋混凝土學與設計、結構學、工程力學（包括材料力學）、土壤力學（包括基礎工程）
水土保持工程	國文、法學知識與英文、植生工程、土壤沖蝕原理與控制、集水區經營與水文學、坡地穩定與崩塌地治理工程、水土保持工程、坡地保育規劃與設計

水利工程	國文、法學知識與英文、水資源工程學、營建管理與工程材料、水文學、流體力學、渠道水力學、土壤力學（包括基礎工程）
公職建築師	行政法、營建法規與實務、建管行政
都市計畫技術	國文、法學知識與英文、都市及區域政策、土地使用計劃、環境規劃與都市設計、都市及區域計劃理論、都市及區域計劃法令與制度、都市經濟與工程概論

資料來源：2023 年考選部官網 https://wwwc.moex.gov.tw。

2. 112 年公務人員專技高考景觀及相關專業領域考試科目

景觀技師	缺
建 築 師	營建法規與實務、建築結構、建築構造與施工、建築環境控制、敷地計畫與都市設計、建築計畫與設計
園藝技師	果樹學、蔬菜學、花卉學、造園學、園產品處理（包括園產品加工）、園藝作物育種學與繁殖學
水土保持技師	坡地水文學、水土保持規劃設計（包括水土保持法規）、水土保持工程、植生工程、土壤物理與沖蝕、測量學（包括平面測量、地形測量與航照判釋）

資料來源：2023 年考選部官網 https://wwwc.moex.gov.tw。

3. 112 年公務人員普通考試景觀及相關專業領域考試科目

景觀	國文、法學知識與英文、景觀學概要、景觀植物學與景觀生態學概要、景觀工程概要、景觀設計概要
建築工程	國文、法學知識與英文、施工與估價概要、工程力學概要、營建法規概要、建築圖學概要
土木工程	國文、法學知識與英文、測量學概要、工程力學概要、結構學概要與鋼筋混凝土學概要、土木施工學概要
水土保持工程	國文、法學知識與英文、土壤沖蝕及水土保持概要、植生工程概要、集水區經營與水文學概要、坡地保育概要
水利工程	國文、法學知識與英文、流體力學概要、水資源工程概要、土壤力學概要、水文學概要
都市計畫技術	國文、法學知識與英文、都市及區域計劃法規概要、都市區域計劃概要、環境規劃及都市設計概要、土地使用計劃概要

資料來源：2023 年考選部官網 https://wwwc.moex.gov.tw。

4. 112 年特種考試地方政府公務人員考試（三等）景觀及相關專業領域考試科目

景觀	國文、法學知識與英文、景觀學概論、景觀工程、景觀植物學與景觀生態學、景觀規劃、景觀行政與法規、景觀與都市設計
建築工程	國文、法學知識與英文、營建法規、建管行政、建築結構系統、建築營造與估價、建築環境控制、建築設計

土木工程	國文、法學知識與英文、靜力學與材料力學、營建管理與土木施工學（包括工程材料）、平面測量與施工測量、鋼筋混凝土學與設計、結構學、土壤力學與基礎工程
水土保持工程	國文、法學知識與英文、集水區經營與水文學、土壤沖蝕原理與控制、坡地保育規劃與設計、植生工程、水土保持工程、坡地穩定與崩塌地治理工程
水利工程	國文、法學知識與英文、水文學、營建管理與土木施工學（包括工程材料）、水資源工程學、流體力學、渠道水力學、土壤力學與基礎工程
都市計畫技術	國文、法學知識與英文、都市及區域計劃法令與制度、土地使用計劃、都市及區域計劃理論、環境規劃與都市設計、都市經濟與工程概論、都市及區域政策

資料來源：2023 年考選部官網 https://wwwc.moex.gov.tw。

5. 112 年特種考試地方政府公務人員考試（四等）景觀及相關專業領域考試科目

景觀	國文、法學知識與英文、景觀工程概要、景觀學概要、景觀植物學與景觀生態學概要、景觀設計概要
建築工程	國文、法學知識與英文、工程力學概要、營建法規概要、施工與估價概要、建築圖學概要
土木工程	國文、法學知識與英文、靜力學概要與材料力學概要、測量學概要、營建管理概要與土木施工學概要（包括工程材料）、結構學概要與鋼筋混凝土學概要
園藝	國文、法學知識與英文、園藝學概要、果樹與蔬菜概要、花卉與造園概要、園產品處理及加工學概要
水土保持工程	國文、法學知識與英文、集水區經營與水文學概要、土壤沖蝕及水土保持概要、坡地保育概要、植生工程概要
水利工程	國文、法學知識與英文、水文學概要、土壤力學概要、水資源工程概要、流體力學概要
都市計畫技術	國文、法學知識與英文、都市及區域計劃法規概要、土地使用計劃概要、都市區域計劃概要、環境規劃及都市設計概要

資料來源：2023 年考選部官網 https://wwwc.moex.gov.tw。

(三) 景觀國家考試科目命題大綱

　　2009 年作者接受考選部委託，主持並首次完成「景觀高等考試命題大綱」，經執行多年並與時俱進更新後，目前景觀國家考試科目命題大綱如下：

1. 景觀學概論

適用考試名稱	適用考試類科
公務人員高等考試三級考試	景觀
公務人員升官等考試薦任升官等考試	景觀設計
特種考試地方政府公務人員考試三等考試	景觀

專業知識及核心能力	一、了解景觀學之整體性發展脈絡、內涵以及變遷趨勢。 二、了解景觀必備之相關知識、整合技術能力以及各知識學門間之互動關係。 三、了解景觀專業與相關專業學門間關係及跨領域分工合作必要之知識與能力。

命 題 大 綱

一、景觀學發展歷史與趨勢
　　（一）中國及臺灣之景觀發展史。
　　（二）東方國家之景觀發展史。
　　（三）西方國家之景觀發展史。
　　（四）現代景觀發展趨勢。

二、景觀學之範疇知識與教育
　　（一）景觀專業之定義。
　　（二）景觀學相關理論。
　　（三）景觀學必備之自然與人文知識。
　　（四）景觀專業教育之結構與內涵。
　　（五）景觀教學在職教育與發展。

三、景觀專業實務與專業倫理
　　（一）景觀專業執業範疇與屬性。
　　（二）景觀專業養成與認證。
　　（三）景觀專業公私部門執業之落實。
　　（四）景觀專業之信念與環境責任。
　　（五）跨域整合之能力與責任。

備註	表列命題大綱為考試命題範圍之例示，惟實際試題並不完全以此為限，仍可命擬相關之綜合性試題。

2. 景觀行政與法規

適用考試名稱	適用考試類科
公務人員高等考試三級考試	景觀
公務人員升官等考試薦任升官等考試	景觀設計
特種考試地方政府公務人員考試三等考試	景觀

專業知識及核心能力	一、了解景觀行政及業務相關法規。 二、了解景觀法規之應用。 三、了解景觀相關行政及法規之未來發展趨勢。

命　題　大　綱

一、景觀行政及業務相關法規
　　（一）法規概念及體系：中央標準法規；政府採購法；依據公務人員服務法規之專業倫理與職
　　　　　業道德。
　　（二）景觀業務行政與組織。
　　（三）各縣市景觀、公園管理自治條例。

二、景觀相關法規之應用
　　（一）國土規劃體系：區域計畫法；都市計畫法；都市計畫定期通盤檢討實施辦法；各縣市綜
　　　　　合開發計畫；土地使用分區管制辦法。
　　（二）技術法規體系：建築法有關景觀部分；建築技術規則有關景觀部分；營造業法；山坡地
　　　　　保育利用條例。
　　（三）公園法規：國家公園法；各風景區特定區管理辦法；違章建築處理辦法；停車場法。
　　（四）觀光遊憩法規：觀光遊憩法規；發展觀光條例。
　　（五）環境相關法規：土地法及施行細則；土地徵收條例；水利法及其施行細則；水汙染防治法；
　　　　　空氣汙染防治法；野生動物保護法；文化資產保存法；河川管理辦法；處理河川區域內
　　　　　設施構造物應行注意事項；平均地權條例。

三、景觀業務未來發展之法規
　　（一）國土空間計畫法（草案）。
　　（二）景觀法（草案）。
　　（三）景觀技術法。
　　（四）景觀技術士法。

備註	表列命題大綱為考試命題範圍之例示，惟實際試題並不完全以此為限，仍可命擬相關之綜合性試題。

3. 景觀工程

適用考試名稱	適用考試類科
公務人員高等考試三級考試	景觀
特種考試地方政府公務人員考試三等考試	景觀
專業知識及核心能力	一、整體性的了解基地工程相關知識及強化基地處理的能力。 二、具備掌握各類景觀設施工程及工程構法之應用能力。 三、具備專業者對施工計畫與工程管理之掌握能力。 四、掌握景觀工程發展趨勢並具備與規劃設計之整合能力。

命 題 大 綱

一、基地工程
　　（一）整地工程：含地形，等高線，坡度，整地限制等。
　　（二）排水工程：雨水的處理計算，排水系統。
　　（三）土方工程：土方的平衡，計算，處理。
　　（四）道路工程：道路定線等。
　　（五）水電工程：管線，給水，汙水，照明等系統工程。

二、景觀設施工程及工程構造法
　　（一）構造型式。
　　（二）植生工程。
　　（三）景觀營建材料特性。
　　（四）不同環境條件之營建材料應用。
　　（五）細部大樣，接頭，介面處理。

三、施工計畫與工程管理
　　（一）施工圖說規範（工料分析與施工估價）及工程合約基本常識與判讀。
　　（二）施工計畫。
　　（三）施工方法、品質及工期管理、監造、驗收。

四、景觀工程發展趨勢及與規劃設計之整合
　　（一）生態工程
　　　　1. 景觀工程中生態理念之整合。
　　　　2. 適合臺灣實質環境之生態工程。
　　（二）現地工程實踐之工法掌握及界面整合能力。
　　（三）新工法的掌握與了解。

備註	表列命題大綱為考試命題範圍之例示，惟實際試題並不完全以此為限，仍可命擬相關之綜合性試題。

4. 景觀植物學與景觀生態學

適用考試名稱	適用考試類科
公務人員高等考試三級考試	景觀
公務人員升官等考試薦任升官等考試	景觀設計
特種考試地方政府公務人員考試三等考試	景觀

專業知識及核心能力	一、了解應用生態科學和景觀生態學原理。 二、了解景觀生態學方法和景觀生態規劃設計應用。 三、了解植物材料的認識與應用。 四、了解植栽計畫和植栽設計實務。

命　題　大　綱

一、應用生態科學和景觀生態學原理
　　(一) 應用生態科學：生態系統之基本定義及原理；生態系統與景觀生態之相關性；生態系統
　　　　復育；道路生態學；人類生態學；景觀生物多樣性保護；城市生態學。
　　(二) 景觀生態學原理：景觀生態定義與發展趨勢；景觀生態元素；景觀生態結構；景觀生態功能；
　　　　景觀生態網絡；景觀生態過程（變遷）；景觀生態經營管理。

二、景觀生態學方法和景觀生態規劃設計應用
　　(一) 景觀生態學方法：景觀生態學中尺度之原理及分析方法；景觀生態學相關應用工具之了解；
　　　　景觀生態學中格局的分析方法；景觀生態學中有機體與景觀格局；景觀生態動態過程與
　　　　模式。
　　(二) 景觀生態規劃設計應用：景觀生態規劃原則；景觀生態規劃架構；景觀生態規劃步驟；
　　　　景觀生態設計手法；景觀生態規劃情境。

三、植物材料的認識與應用
　　(一) 植物材料的認識：喬灌木、蔓藤植物、花壇植物；地被與草坪；觀葉植物；彩葉與斑葉植物；
　　　　香花植物；變色葉植物；仙人掌與多肉植物；水生植物；特殊植物材料：防火樹，肥料木，
　　　　抗汙染植物，防噪音植物，誘鳥植物，誘蝶植物，竹類，蕨類；臺灣原生植物。
　　(二) 植物材料的應用：植物在環境生態上的應用；植物在空間美學上的應用；植物配置手法。

四、植栽計畫的研擬和植栽設計實務
　　(一) 植栽計畫的研擬：植物選種；潛在植被分析；生態綠化；各種綠化規劃。
　　(二) 植栽設計實務：綠量指標；樹木移植；植栽施工及估價；植栽管理及養護。

備註	表列命題大綱為考試命題範圍之例示，惟實際試題並不完全以此為限，仍可命擬相關之綜合性試題。

5. 景觀規劃

適用考試名稱	適用考試類科
公務人員高等考試三級考試	景觀
特種考試地方政府公務人員考試三等考試	景觀

專業知識及核心能力	一、了解景觀規劃作業之相關基本理論。 二、了解景觀規劃作業流程及規劃方法並具備實際從事景觀規劃能力。 三、了解景觀規劃實務。

命 題 大 綱

一、景觀規劃基本理論
　　（一）土地使用計畫。
　　（二）景觀資源分類分析及評估。
　　（三）景觀資源經營管理。
　　（四）使用行為經營管理。
　　（五）資源保育等相關理論。

二、景觀規劃方法與應用
　　（一）規劃方法步驟與流程。
　　（二）規劃目標研擬。
　　（三）各項人文及自然因素調查分析方法。
　　（四）視覺景觀敏感度分析。
　　（五）需求分析預測方法。
　　（六）承載量分析方法。
　　（七）適宜性分析方法。
　　（八）課題、對策與構想。
　　（九）實質計畫之內容與研擬方法。
　　（十）計畫評估方法。
　　（十一）經營管理及使用管制計畫之研擬。
　　（十二）景觀保育及復育。

三、景觀規劃實務
　　（一）各級政府相關景觀計畫、業務內容及案例分析。
　　（二）各類型景觀計畫之規劃重點、方法及案例分析。

備註	表列命題大綱為考試命題範圍之例示，惟實際試題並不完全以此為限，仍可命擬相關之綜合性試題。

6. 景觀與都市設計

適用考試名稱	適用考試類科
公務人員高等考試三級考試	景觀
公務人員升官等考試薦任升官等考試	景觀設計
特種考試地方政府公務人員考試三等考試	景觀
專業知識及核心能力	一、了解景觀與都市設計理論與方法。 二、具景觀空間分析與設計操作能力。 三、具繪圖技術及表現能力。

命 題 大 綱

一、景觀與都市設計理論與方法
　　（一）景觀設計理論。
　　（二）都市設計理論。
　　（三）景觀與都市設計方法與流程。

二、景觀空間分析與設計操作能力
　　（一）將主題需求轉化為設計條件。
　　（二）分析景觀環境問題。
　　（三）研析基地相關法令、規範及景觀與都市設計準則。
　　（四）運用景觀設計手法提出整體配置、景觀設施設計、整地排水設計、植栽設計及重點細部
　　　　　設計等對策。
　　（五）透過生態性的知識與技術，經濟性的資源管理，社會性的反思內容與關聯性及美學的運
　　　　　用，落實空間的實踐。

三、繪圖技術及表現能力
　　（一）掌握基本美學概念展示設計理念。
　　（二）繪圖技巧應能充分表達基地分析、設計說明、平、立、剖面及透視圖或大樣圖。

備註	表列命題大綱為考試命題範圍之例示，惟實際試題並不完全以此為限，仍可命擬相關之綜合性試題。

資料來源：2023 年考選部官網 https://wwwc.moex.gov.tw。

參考文獻

1. 王小璘，2004, 冬，景觀公務人員國家考試之推動與建議，造園季刊，53:05-12。

2. 王小璘，2006，公務人員高等考試三級考試暨普通考試景觀類科應試科目命題大綱計畫。

3. 王小璘，2008，公務人員普通考試景觀類科應試科目命題大綱委託研究案。

4. 王小璘，2009, 春，再談國家公務人員高等考試──關於景觀高考科目命題大綱，造園季刊，台灣造園景觀學會，63:93-96。

5. 王小璘，2014，景觀專業教育的反思與前瞻，臺灣建築學會會刊雜誌，75:42-46。

6. 王小璘、何友鋒，2021，臺灣園景，五南圖書出版，p.362。

7. 考選部官網

   https://wwwc.moex.gov.tw。

8. 考選部應考資格查詢（2023 年）

   https://wwwc.moex.gov.tw/main/ExamQual/wfrmExamQual.aspx?menu_id=153。

9. 考選部命題大綱（2023 年）

   https://wwwc.moex.gov.tw/main/content/wfrmcontentlink4.aspx?inc_url=1&menu_id=154。

筆記欄

05

造園景觀技術士技能檢定
（The Certification for Gardening and Landscape Technicians）

(一) 關於技能檢定

　　1995 年行政院院長郝伯村先生爲推動國家破百萬張證照政策，指示教育部及勞委會（後改名爲勞動部）規劃新職類，並由教育廳及職訓局共同委請臺中高級農業職業學校籌畫農業群職種。當時共規劃造園施工等六職類丙級技術士規範，經研習、修正、公聽會等程序，歷經四年，於 1999 年假臺中高農舉辦第一屆造園丙級技術士技能檢定。爾後更名爲「造園景觀」，並發展乙級技術士技能檢定；至今已辦理二十三年，爲目前農業群農、林、漁、牧業中，惟一有乙級技術士檢定之職類。

(二) 技術士技能檢定各職類共用規範

▌表 5-1　技術士技能檢定各職類共用規範

工作項目	技能種類	技能標準
一、職業安全衛生	(一) 認識與應用職業安全衛生、勞動檢查、勞動條件、勞工職業災害保險及保護相關法規	能執行並遵守職業安全衛生、勞動檢查、勞動條件、勞工職業災害保險及保護相關法規。
	(二) 認識與應用職業災害預防、職業傷病防治、職業災害勞工補償及重建	能分析職業災害事故與傷病之種類、原因、預防對策，以及職業災害勞工補償及重建。 1.危害辨識及風險評估。 2.工作安全分析。 3.能引用防止事故之基本方法。 4.化學品管理及機械設備器具驗證等。 5.協助職業災害勞工重返職場。

工作項目	技能種類	技能標準
	(三)認識及應用危害預防技能	能遵守並執行各種危害之預防對策。 1.職業安全危害,包括墜落、倒塌、崩塌、感電、捲夾、火災爆炸、跌倒等。 2.職業衛生危害,包括物理性、化學性、人因性及生物性等危害。 3.職業健康管理,包括母性保護、異常工作負荷、肌肉骨骼疾病、身體或精神不法侵害、身心健康保護等。
二、工作倫理與職業道德	(一)遵守個人資料保護	能認識個人資料保護法及應遵循事項。
	(二)尊重智慧財產權	能尊重他人之智慧財產權。
	(三)保守營業秘密	1.能認識營業秘密法之法規。 2.能確實保密所承辦之業務。 3.能熟悉刑法妨害秘密罪之法規。
	(四)避免利益衝突	1.能瞭解不得提供、索取或收受不當利益。 2.能瞭解不得以組織或團體名義圖利自己。 3.能瞭解刑法背信等罪之法規。
	(五)遵循與政府機關(構)互動之規範	1.能瞭解公務員廉政倫理規範之規定。 2.能遵守政府採購法有關迴避、請託關說之規定,及採購人員互動之行為準則與相關刑事責任。
	(六)維繫公共利益	1.能鼓勵檢舉貪汙舞弊或違法行為,及認知揭發弊端相關保護、獎勵措施。 2.能瞭解雇主或客戶之利益與公益衝突及違反法令時之處理原則。
	(七)培養職業素養及敬業精神	1.能遵循守法、守時、守分、守信及守密之職業行為。 2.能養成負責勤勞、有恆不懈之工作習慣,對工作有強烈之責任感且堅守崗位。 3.能注重禮節,維護個人品德操守,尊重他人隱私。 4.能盡力維護雇主之權益,未經同意不得擅自利用工作時間及雇主之資源,從事私人事務。 5.能闡揚職業神聖理念及發揮團隊精神,以最和諧氣氛進行工作。 6.能實踐工作倫理有效協調溝通,並配合相關工作執行。

工作項目	技能種類	技能標準
	（八）維護工作環境整潔及安全	1. 能以適當機具、方法維護工作環境整潔及安全。 2. 能於工作中達到最少破壞及最完整之復原。 3. 能以適當之機具及正確工作方法減少施工所造成之公害，並維護公共安全。
	（九）遵守性別工作平等	1. 能瞭解性別工作平等相關法規所規定事項及應有權益保障。 2. 能瞭解性騷擾防治相關法規有關性騷擾之防治及責任。 3. 能瞭解消除對婦女一切形式歧視公約（CEDAW）及其一般性建議之規定。
	（十）遵守菸害防制	1. 能瞭解菸品之危害。 2. 能瞭解菸害防制相關法規。
三、環境保護	（一）推動環境保護及環境教育	能熟悉環境保護及環境教育宣導。
	（二）執行空氣、水、噪音、土壤與地下水汙染防制（治）及管制	能正確運用空氣、水、噪音、土壤與地下水汙染防制（治）技術及管理方法。
	（三）熟悉廢棄物、資源回收、毒化物及飲用水管理	能正確運用熟悉廢棄物、資源回收、毒化物與飲用水管理技術及方法。
	（四）熟悉環境影響評估	能瞭解環境影響評估之作業程序。
四、節能減碳	（一）認識能源管理法規	能落實能源管理相關法規。
	（二）認識溫室氣體減量及管理制度	能落實溫室氣體減量與管理相關作法及規定。
	（三）認識能源管理系統	能正確運用能源管理知識並計算系統能源使用量及節能效益。
	（四）認識電能管理	1. 能正確選用節能設備。 2. 能運用空調、冷凍空調系統節能技術。 3. 能運用照明節能技術。 4. 能運用電力系統節能技術。
	（五）認識熱能管理	1. 能運用熱水系統節能技術。 2. 能運用民生電熱設備節能技術。
	（六）維護保養耗能設備	能依正確步驟維護保養耗能設備。
	（七）認識節能減碳作法	能落實節能減碳相關作法。

資料來源：2023 年勞動部勞動力發展署技能檢定中心網 https://www.wdasec.gov.tw/。

(三)造園景觀職類檢定規範

1. 級別：丙級

工作範圍：從事造園景觀工程相關工程實務之基本施工及維護管理技能。

應具技能：應具備下列各工作項目、技能種類及標準。

表 5-2　造園景觀職類丙級檢定規範

工作項目	技能種類	技能標準
一、材料之認識	（一）植物材料之認識 （二）非植物材料之認識 （三）相關資材之認識 （四）簡易機工具及手工具之認識	1.能正確認識常用景觀植物之名稱。 2.能正確認識非植物材料之名稱。 3.能正確認識相關資材之名稱。 4.能正確認識簡易機工具及手工具之名稱。 5.能正確度量植物之尺寸、規格（含高、冠幅、米徑、頭徑）。
二、基地放樣及整地	（一）一般基地放樣	1.能判讀施工圖。 2.能正確依比例及角度於施工基地放樣、定樁。 3.能正確以適當工具界定施工範圍。 4.能正確使用測量及整地工具。
	（二）施工前整地	1.能依施工圖整地。 2.能熟練使用整地工具。 3.能完全清除基地雜物。
	（三）量測水平及垂直	1.能正確使用皮尺從事基本放樣及整地工作。 2.能正確使用水平測量工具從事立樁、放樣工作。
三、造園植栽施工	（一）草花栽植	1.能正確施用有機質肥料。 2.能正確自容器倒出花苗。 3.能正確完成各項栽植作業。 4.能於栽植後正確完成澆水、修剪及環境整理工作。
	（二）草坪栽植	1.能正確完成地表土壤整地工作。 2.能正確應用各種草坪栽種之方法（播種法、播莖法、鋪植法等），並完成覆土、壓實及澆水等工作。 3.能正確完成栽植後各項清理工作。
	（三）灌木栽植	1.能正確完成栽植前之準備作業。 2.能正確完成植穴底部施放有機質肥料。 3.能正確完成解除包裹土球之繩索或容器。 4.能正確依植栽程序完成各項栽植工作。 5.能於栽植後正確完成澆水、修剪及環境整理工作。

工作項目	技能種類	技能標準
	（四）喬木栽植	1. 能正確完成植栽前之準備作業。 2. 能正確完成挖掘作業。 3. 能正確完成植穴底部施放有機肥料。 4. 能正確完成解除包裹土球之繩索或容器。 5. 能正確完成立支柱作業。 6. 能正確依植栽程序完成各項栽植工作。 7. 能於栽植後正確完成澆水、修剪及環境整理工作。
	（五）地被植物栽植	1. 能正確完成地被植物栽植、介質回填及基肥施放作業。 2. 能正確栽植盆苗、袋苗、插穗等地被植物。 3. 能正確完成栽植後澆水、修剪及基地整理工作。
	（六）水生植物栽植	1. 能正確栽植常用水生植物。 2. 能正確完成栽植後各項清理工作。
四、造園土木及基本水電施工	（一）舖面施工	1. 能正確完成施工前之整地工作。 2. 能依圖使用石材、磚材、木材或其他材料完成舖面施工。 3. 能保持舖面（含收邊）平整、勾縫美觀工整，並使舖面具有排水功能。 4. 能正確完成舖面收邊工作。 5. 能確實完成基地清理工作。
	（二）基本水電施工	1. 能正確辨識造園常用水電工具及材料。 2. 能正確操作簡易水電工具完成造園基本水電裝置。
	（三）花臺與花槽施工	1. 能依施工圖並使用磚材、石材及其它材料完成花臺與花槽之砌造及植物栽植。 2. 能保持花臺及花槽之自然性、平整性及排水功能。 3. 能完成施工後工地清理工作。
五、維護管理	（一）植物及草坪更新維護	1. 能正確完成各種造園植物與草坪更新作業。 2. 能正確使用相關機具（需專業證照者除外）。
	（二）施肥及病蟲害防治	1. 能於適當時機完成基肥及追肥施放及處理。 2. 能正確使用生物藥劑。 3. 能使用噴灑機具完成病蟲害防治作業。 4. 能於施藥時，注意各項安全防護措施。

工作項目	技能種類	技能標準
	（三）整枝及修剪	1. 能完成喬木、灌木、綠籬、草坪、地被及各類植栽之整枝修剪工作。 2. 能依圖選擇適當方法完成整枝修剪。
	（四）中耕培土及除草	1. 能使用簡易機具完成雜草之防除。 2. 能完成各種造園常用植物之中耕培土作業。
	（五）澆灌	1. 能裝置簡易澆灌設施。 2. 能正確掌握澆灌水量及灌溉時期。
六、環境保育	環境保育	1. 能注意造園施工後廢棄物處理。 2. 能瞭解保育類動植物之保育規範。 3. 能正確瞭解各種環境之生態施工。

資料來源：2023 年勞動部勞動力發展署技能檢定中心網 https://www.wdasec.gov.tw/。

2. 級別：乙級

工作範圍：能繪製施工圖說及能操作工程機工具、手工具，並具備獨立施工作業、維護管理及技術指導之技能。

應具技能：除具備丙級技術士之各項技能和相關知識外，並應具備下列各項技能及標準。

表 5-3　造園景觀職類乙級檢定規範

工作項目	技能種類	技能標準
一、製圖	（一）施工平面圖繪製 （二）施工立面圖繪製 （三）施工詳圖繪製	1. 能依據造園景觀規劃設計圖繪製施工平面圖。 2. 能依據造園景觀規劃設計圖繪製施工立面圖。 3. 能依據造園景觀規劃設計圖繪製施工詳圖。
二、材料及機工具之應用	（一）植物材料之應用 （二）非植物材料之應用 （三）相關資材之應用 （四）簡易工程機具及手工具之應用	1. 能正確選用植物材料。 2. 能辨識常用非植物材料。 3. 能正確選用相關資材。 4. 能操作簡易工程機具及手工具（需專業證照者除外）。
三、基地放樣及整地	（一）基地放樣	1. 能正確依據施工圖說進行基地放樣、定樁。 2. 能正確使用測量儀器量測水平及垂直之施工範圍。
	（二）施工前整地	1. 能依施工圖說完成施工前之整地。 2. 能使用整地機具。

工作項目	技能種類	技能標準
四、植栽材料施工	（一）草花栽植 （二）草坪栽植 （三）灌木栽植 （四）喬木栽植 （五）水生植物栽植 （六）地被植物栽植	1.能正確依照施工圖說執行栽植操作程序。 2.能完成各類植物材料之栽植作業。
五、非植栽材料施工	（一）土壤施作 （二）磚材施作 （三）石材施作 （四）木材施作 （五）混凝土施作 （六）金屬施作 （七）玻璃施作 （八）合成材料施作	1.能依照施工圖說執行施工。 2.能使用各類材料：土壤、磚、石、木材、混凝土、金屬、玻璃、合成材料完成施工。
六、水電施工管理	（一）排給水系統施工 （二）照明系統施工 （三）景觀相關設施施工	1.能依施工圖說正確判讀水電系統景觀機工具及材料。 2.能正確操作景觀水、電裝置。 3.能檢視水電施工要求。
七、維護管理	（一）植物維護管理 　1.植栽更新維護 　2.施肥及病蟲害防治 　3.整枝及修剪 　4.中耕培土及除草 　5.灌溉系統 　6.土壤檢測及改善 （二）景觀設施物維護管理 　1.綠廊及花架 　2.水池及生態池 　3.平臺木棧道 　4.亭榭 　5.花臺及花槽 　6.階級 　7.欄杆 　8.照明系統 　9.水電系統 　10.解說及標識系統 　11.街道傢俱 　12.其他 （三）土木構造物維護管理 　1.步道 　2.路緣石 　3.槽化島 　4.園橋 　5.舖面 　6.排水系統 　7.其他	1.能正確完成各種植物之維護管理作業。 2.能正確完成各類景觀設施之維護管理作業。 3.能正確完成各類土木構造物之維護管理作業。 4.能正確使用相關機工具及手工具。

工作項目	技能種類	技能標準
八、工料計算	工程數量計算	能依施工圖說正確計算工程所需材料數量。
九、綠色產業與環境保育	綠色產業與環境保育	1.能注意造園施工後廢棄物再利用。 2.能瞭解原生物種保育及動植物之養護方式。 3.能瞭解各種特殊環境之生態施工。
十、相關專業法規	造園景觀工程相關法規	能正確遵守造園景觀工程相關法規。

資料來源：2023 年勞動部勞動力發展署技能檢定中心網 https://www.wdasec.gov.tw/。

3. 級別：甲級

工作範圍：能繪製施工詳圖、估價及應用造園景觀工程機工具、手工具，並具備從事造園景觀工程施工流程管理、技術指導及造園景觀工地經營管理之技能。

應具技能：除具備乙級技術士之技能和相關知識外應具備下類各項技能及標準。

▌ 表 5-4　造園景觀職類甲級檢定規範

工作項目	技能種類	技能標準
一、製圖	施工圖說繪製	能依據造園景觀需求繪製施工平面圖、立面圖、剖面圖及施工細部詳圖。
二、材料選用	材料綜合選用	1.能正確選用非植栽材料。 2.能正確選用植栽材料。 3.能正確選用其他相關材料。
三、機工具使用	工程機工具之應用	能正確使用及管理各種造園景觀工程機工具。
四、施工與管理	（一）土壤選用 （二）整地與放樣 （三）植栽栽植 （四）景觀設施物施工 （五）工地管理 （六）其他	1.能正確應用生態工法及土壤。 2.能指導整地並正確使用相關儀器及放樣。 3.能正確指導植栽材料及非植栽材料之施工。 4.能正確指導工地管理。
五、水電系統管理	（一）排給水系統管理 （二）景觀照明系統管理 （三）景觀相關設施管理 （四）機電施工系統管理	能督導水電及照明系統之施工管理。
六、維護管理	（一）植物之維護管理 （二）景觀相關設施之維護管理 （三）土木構造物之維護管理	1.能正確執行植物維護管理之技術指導。 2.能正確執行景觀設施維護管理之技術指導。 3.能正確執行土木結構物維護管理之技術指導。

工作項目	技能種類	技能標準
七、工程管理	（一）市場詢價 （二）材料成本計算 （三）估算單價分析 （四）維護管理估價 （五）其他成本估價 （六）編製預算書	1.能正確掌握市場行情。 2.能正確依照圖說計算材料成本。 3.能估算工程成本及單價分析。 4.能正確估算維護管理成本。 5.能正確估算工具損耗成本。 6.能正確估算拆除工程成本。 7.能正確估算清運成本。 8.能正確估算各項成本編製預算書。
八、施工計畫	（一）工作範圍界定 （二）施工規範撰寫 （三）施工流程編繪	1.能正確劃分工作介面。 2.能正確撰寫施工規範、施工方法及品質計畫。 3.能確實計畫及監督施工流程。

資料來源：2023 年勞動部勞動力發展署技能檢定中心網 https://www.wdasec.gov.tw/。

筆記欄

06

造園景觀職類國際技能競賽
（WorldSkills Competition for Landscape Gardening）

(一) 歷史沿革

國際技能競賽（WorldSkills Competition，WSC）為一項非營利的全球性活動，發源於四十年代的西班牙，當時以 Jose' Antonio Elola Olaso 先生為主的有志之士體悟到年青人的未來必須墊基於有效的專業職業訓練，乃於 1947 年發起舉辦全國技能競賽大會，是為技能競賽之肇始。1950 年西班牙邀請葡萄牙參加競賽，1953 年德國、英國、法國、摩洛哥和瑞士等國相繼加入。1954 年，第一屆國際性組織成立，並訂定國際競賽規則（competition rules）。截至 2023 年，共有八十五個國家（地區）成為該組織的正式會員。

亞洲分會是國際技能組織（WorldSkills Internalional）轄下的區域性組織，由阿拉伯聯合大公國於 2018 年發起籌組成立，以推動亞洲地區技術交流與技能水平提升為目標。至 2023 年共有二十五個會員國，我國是創始會員國之一。

(二) 任務和目標

根據國際技能競賽組織章程之規定，競賽主要任務為藉由會員國間的合作活動，促進國際間對專業技術的重視，並體認高水準的技術能力乃是獲得經濟發展和個人目標實踐的主要關鍵。其主要目標如下：

1. 透過會員組織的合作使全球技能市場得以推廣。
2. 將國際技能競賽定位為技能認知和成就的國際性活動。
3. 創造一個新的現代形象和具彈性的結構，以支持國際技能的全球性活動。
4. 促成策略合作夥伴及政府和非政府組織的合作。
5. 透過網路的宣傳資訊，分享國際技能標準和標竿知識。
6. 促使國際技能專家互通有無，並為技術發展和創新，開創新的機會。

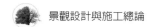

7. 鼓勵世界技能參加者和世界各國年輕人改變技能、知識與文化交流。

(三) 舉辦活動

1. 參賽年齡

依大會規定，參賽選手年齡限制在二十一歲以下；且每一會員國家（地區）在每一競賽職類，僅能選派一位（組）選手參賽。

2. 歷屆辦理情形

國際技能競賽自 1950 年開始在西班牙舉辦第一屆，其後每年舉辦一次，至第二十屆起，大約每二年一次。歷屆競賽年和主辦國如下：

1st	1950: Madrid, Spain	25th	1979: Cork, Ireland
2nd	1951: Madrid, Spain	26th	1981: Atlanta, USA
3rd	1953: Madrid, Spain	27th	1983: Linz, Austria
4th	1955: Madrid, Spain	28th	1985: Osaka, Japan
5th	1956: Madrid, Spain	29th	1988: Sydney, Australia
6th	1957: Madrid, Spain	30th	1989: Birmingham, United Kingdom
7th	1958: Brussels, Belgium	31st	1991: Amsterdam, Netherlands
8th	1959: Modena, Italy	**32nd**	**1993: Taipei, Chinese Taipei**
9th	1960: Barcelona, Spain	33rd	1995: Lyon, France
10th	1961: Duisburg, Germany	34th	1997: St. Gallen, Switzerland
11th	1962: Gijón, Spain	35th	1999: Montreal, Canada
12th	1963: Dublin, Ireland	36th	2001, Seoul, Korea
13th	1964: Lisbon, Portugal	37th	2003, St Gallen, Switzerland
14th	1965: Glasgow, United Kingdom	38th	2005, Helsinki, Finland
15th	1966: Utrecht, Netherlands	39th	2007, Shizuoka, Japan
16th	1967: Madrid, Spain	40th	2009, Calgary, Canada
17th	1968: Bern, Switzerland	41st	2011, London, United Kingdom
18th	1969: Brussels, Belgium	42nd	2013, Leipzig, Germany
19th	1970: Tokyo, Japan	43rd	2015, São Paulo, Brazil
20th	1971: Gijón, Spain	44th	2017, Abu Dhabi, United Arab Emirates
21st	1973: Munich, Germany	45th	2019, Kazan, Russia
22nd	1975: Madrid, Spain	46th	2022, Tallinn, Estonia
23rd	1977: Utrecht, Netherlands	47th	2024, Lyon, France
24th	1978: Busan, Korea		

亞洲技能競賽自 2018 年開始，歷屆競賽年主辦國如下：

1st   2018: Abu Dhabi, United Arab Emirates
2nd   2023: Kuala Lumpur, Malaysia
3rd   **2025: Taiwan**

3. 競賽職類（含表演賽）

至 2023 年共有六十三個職類，包括綜合機械、資訊網路布建、集體創作、機電整合、CAD 機械設計製圖、CNC 車床、CNC 銑床、商務軟體設計、銲接、建築舖面、汽車板金、飛機修護、配管與暖氣、電子、網頁技術、電氣裝配、工業控制、砌磚、粉刷技術與乾牆系統、漆作裝潢、機器人、家具木工、門窗木工、珠寶金銀細工、花藝、美髮、美容、服裝創作、西點製作、汽車技術、西餐烹飪、餐飲服務、汽車噴漆、**造園景觀**、冷凍空調、資訊與網路技術、平面設計技術、健康照顧、冷作、模具、外觀模型創作、麵包製作、工業機械修護、3D 數位遊戲藝術、雲端運算、網路安全、旅館接待、中餐烹飪、國服、板金、鑄造及應用電子等。

(四) 我國國際技能競賽之由來與發展

1. 由來

舉辦技能競賽之目的，係爲了建立技能價值觀念，鼓勵青年參加職業教育與訓練，藉由競賽方式引起社會大眾的興趣，促進社會的重視，並透過競賽相互切磋與分享學習，提高技術人員的技能水準。

我國自 1970 年起參加國際技能組織，自二十屆國際技能競賽大會起，每屆均派選手參加。1993 年第三十二屆由我國主辦，於 7 月 19 日至 8 月 2 日在臺北舉行。

2. 發展

「造園景觀」（係國際技能競賽中文職類名稱；英文名稱爲 Landscape and Gardening）是我國技能競賽成立較晚的職類。

2006 年作者有幸擔任首屆裁判長，2007 年組團前往日本觀摩第三十九屆國際技能競賽。同年「造園景觀」列入我國競賽職類。2009 年參加在加拿大舉行之第四十屆國際技能競賽，爲我國景觀設計及工程展開新的里程碑！

赴日觀摩第三十九屆國際技能競賽

3. 選手來源與限制

⑴選手應具有中華民國國籍。

⑵青年組限二十一歲以下，以符合國際技能競賽組織之規定，共五十五職類；
其中僅資訊網路布建、集體創作、機電整合、飛機修護、雲端運算、網路安
全、數位建設 BIM、工業設計技術、機器人系統整合等九職類限二十四歲
以下；青少年組為十三至十五歲，共十三職類。

4. 國手選拔賽

歷屆獲得全國技能競賽前三名之選手，年齡未逾國際（或亞洲）技能組織規定，
且未曾代表我國參加國際（或亞洲）技能競賽者，得報參加該職類國手選拔賽。

5. 裁判人員應具備條件

(1)裁判長^(註1)：

A. 參加國際技能競賽、國際展能節職業技能競賽或亞洲技能競賽獲得前三名，並從事相關工作六年以上。

B. 參加全國技能競賽或全國身心障礙者技能競賽獲得前三名，並從事相關工作八年以上。

C. 取得相關職類甲級技術士證，並從事相關工作八年以上。

D. 取得相關職類乙級技術士證，並從事相關工作十年以上。

E. 訓練參加國際技能競賽、國際展能節職業技能競賽或亞洲技能競賽選手，並獲得獎項二次以上。

F. 訓練參加全國技能競賽或全國身心障礙者技能競賽選手，並獲得前三名四次以上。

G. 訓練參加全國高級中等學校學生技藝競賽選手，並獲得前三名獎牌四次以上。

H. 大專校院以上畢業，從事相關工作十二年以上，並在專業領域有具體事蹟。

I. 擔任技能檢定題庫命製人員或本辦法所定之各項技能競賽裁判四次以上。

(2)裁判：

A. 參加國際技能競賽、國際展能節職業技能競賽或亞洲技能競賽獲得優勝以上，並從事相關工作三年以上。

B. 參加國際技能競賽、國際展能節職業技能競賽或亞洲技能競賽獲得優勝以上，具有大專校院以上畢業或同等學力證明，並曾接受中央主管機關聘請擔任相關職類裁判助理三次以上。

C. 具有高中（職）以上學校畢業或同等學力證明後，從事競賽職類相關工作達八年以上。

D. 從事競賽職類相關科系教學或訓練三年以上，並具備競賽實務工作經驗二年以上。

E. 具有大專校院以上畢業或同等學力證明，取得競賽職類相關技能檢定乙

註1 首屆裁判長係經由通過該會相關單位組成的五人評審團面試及筆試後聘任之；之後則由中央主管機關自裁判人才庫中遴聘。

級以上技術士證二年以上，並從事相關工作二年以上。

  F. 曾擔任與競賽職類相關技能檢定題庫命製人員或監評人員。

  G.曾接受中央主管機關及教育部聘請擔任相關職類裁判。

⑶裁判長助理：裁判長得依其職類需要，推薦裁判助理或技術顧問各一人至三人，協助競賽事務或機具設備維護。

6. 遴聘方式

⑴分區裁判長及裁判，由中央主管機關自裁判人才庫中遴聘。

⑵分區技能競賽、全國身心障礙者技能競賽或國手選拔賽各職類，應遴聘裁判長一人、裁判二人；全國技能競賽或爲特定目的舉辦之技能競賽各職類，應遴聘裁判長一人、裁判三人。

7. 任期

⑴分區技能競賽裁判長（以下簡稱分區裁判長）、裁判、裁判助理及技術顧問之任期，以競賽舉辦期間爲限。

⑵全國裁判長之任期最長二年，得連續聘任之。

8. 裁判長職責

⑴訂定職類技能規範及命製試題[註2]。

⑵推薦分區裁判長、裁判、裁判助理及技術顧問，並分配工作。

⑶協助借用競賽場地、設備及器材。

⑷審查技能競賽各職類選手之成績，並作成優、缺點建議表，供中央主管機關參考。

⑸擬訂國手訓練計畫、指導培訓及撰寫報告書。

⑹商請贊助單位提供國手之訓練場地、材料、機具、師資、裝備及生活費等。

⑺出席中央主管機關所召開之各種會議。

⑻兼任技能競賽技術小組之成員。

⑼兼任國際裁判。

⑽辦理其他競賽相關事項。

註2 為了與國際競賽無縫接軌，本職類於作者擔任裁判長期間，無論在分區賽及全國賽之競賽規則、命題、評分項目、方式及標準，均比照國際競賽方式辦理。

（五）經驗分享──以第四十屆加拿大卡加利（Calgary Canada）國際技能競賽為例

1. 國際裁判資格認證

　　國際技能競賽組織在其專屬網站上設置裁判論壇區（discussion forum），各國裁判長必須先由政府主辦單位上網註冊，取得個人密碼後始得進入該區。正式比賽前一年該組織透過線上提供競賽各項資訊，包括競賽規則、衛生安全規範、技術說明、裁判品管手冊、CIS 評分系統等等，周知各國裁判長並隨時討論，交換意見，而裁判長必須熟記這些內容，以便接受國際裁判（expert）資格認證考試。參加此次國際賽之前，各國裁判長均須參加大會規定的兩階段測試，試題即出自這些文件；通過後始能取得準國際裁判資格，俟報到後再參加大會安排的裁判講習會，始得正式成為國際裁判，參加競賽評分。作者除了取得國際裁判資格之外，並被推舉為本職類 ESR（Expert for Special Responsibilities）專業裁判代表。

2. 參賽過程

　　我國參加這次競賽的各職類國家代表隊加上行政工作人員共一百二十三人，於 2009 年 8 月 26 日及 29 日分兩梯次出發；前者包括中華技術人力發展協會譚技術代表、國際裁判及翻譯人員，後者包括行政院中部辦公室賴主任、幹事及指導老師、國手以及國手管理。

　　競賽會場座落於加拿大 Alberta 省位於洛磯山脈南部卡加利（Calgary）市，一座以青山環抱、自然取勝的斯坦佩德公園（Stampede Park）內。

▌ Stampede Park 是本屆競賽會場

▌ Landscape Gardening 競賽場全景

由於大會規定，競賽期間除大會指定的時間外，各國裁判長不得和該國選手和隨團隊員作任何聯繫。因此，以下謹就個人參與的部分作重點說明：

⑴賽前一日遊：為了舒緩各國裁判長和翻譯人員的心理壓力，大會主辦單位於裁判及翻譯人員熟悉競賽場地後當天下午，特別貼心地安排半日遊，地點是全球最大的恐龍遺址和博物館──班夫國家公園（Banff National Park）。遼闊的黃岩遺址和起伏的地形，令人想像恐龍滅絕的場景，也不免於驚豔中夾雜著些許唏噓。館內全景式動態的各類恐龍生態棲地環境，讓幾億年前的時光瞬間出現眼前，相當震憾！

⑵參加裁判團會議：各職類之競賽試題於賽前一年公告，提供各國預作準備和選手練習。連續三天密集的裁判團會議即針對公開試題進行 30% 之變更，並配合變更後的評分辦法及每日比賽技能項目和進度，進行嚴密商討。

比賽項目配合試題研擬進度如下：（先評主觀再評客觀分數）

	主觀	客觀
第一天	工作流程	舖面
第二天	工作流程	圍牆
第三天	工作流程	木作和階梯
第四天	工作流程及整體表現	植栽、水景、踏石、舖面

席間各國裁判長均能很客觀地提出不同看法，反覆討論，仔細推敲。討論過程中也意識到必須考量本國選手的優勢和劣勢，以便爭取有利於國手的機會。偶而不免有所爭論，但在十分理性溝通之下，最後均能達成共識。

由於討論項目鉅細靡遺，文字部分也逐字琢磨，每次修改，大會待命助理人員立刻重新繕打，裁判們再逐一核對。圖面部分亦一經修改即重新繪製，畢竟競賽試題決定選手勝負，每位裁判無不戰戰兢兢，但也不時輕鬆談笑，緩解壓力。

於裁判團室校核評分表

討論後達成共識

　　評分項目分主、客觀分數。主觀分數包括工作流程、美感、整體表現、衛生安全等，充分授權各國裁判長主觀判定；客觀分數則以高程、水平、垂直、斜角、長度（距離）等之量測為依據，精準度為小數點以下兩位數，以第四天「水景」為例，其評分表如表 6-1[註3]。

⑶檢視競賽場地：裁判會議最後一天，各國選手也陸續抵達。選手均有自備工具，但須經裁判詳加檢視，如有不符大會規定者，即先行登錄上鎖後，存放於大會保險庫，務必作到公平、公正。待競賽結束，再簽核領回。

作者與英國裁判長檢查選手機工具

我國選手測試工具

註3　造園景觀職類競賽項目包含鋪面、欄杆、座椅、擋土牆、水景等均涵蓋於景觀設計與施工各論中。

表 6-1　國際技能競賽評分表

Subjective Marking Form
WorldSkills Competition 2009

| | | | | Sub Criterion ID | E2 |

| Skill Number | 37 | Skill | Landscape Gardening | | Competition Day | 4 |

| Competitor No | | Competitor Name | | | Member | TW |

Sub Criterion　Water Feature

Aspect ID	Max Mark	Aspect of Sub Criterion Description	Experts Score (1 to 10)					Mark Awarded
			1	2	3	4	5	
			AT	CA	CH	JP	NO	
1	2.00	Natural look and feel to the watercourse						

2.00　Maximum Mark for Sub Criterion　　　　　Mark Awarded

$$\text{Mark Awarded} = \frac{\Sigma\text{Scores} \times (\text{Max Mark})}{10 \times (3)}$$

ΣScores is equal to the sum of all 5 scores minus the highest and the lowest scores.

08-09-2009　15:47:03

　　由於大會十分重視所有參與人員包括選手、裁判及翻譯人員等的安全防護措施。因此，在正式比賽前一天，安排專業技術人員示範機工具操作方法，並使選手有充裕時間練習。競賽期間，大會亦調派專業人員在比賽現場隨時支援，協助處理可能發生的狀況。

　　國際競賽如此重視個人安全衛生、災害預防及傷病防治，值得吾人借鏡。

▌大會專業人員示範正確操作方法　　　　▌競賽會場圍觀群眾

(4)參與評分過程：由於本屆試題施作項目繁多，且評分辦法明定採過程評分。比賽前一天全體裁判分為三組，每組五人，分別就不同項目同步評分。為求公平客觀，每日小組成員交叉互調，並維持歐亞比例 4：1 之人員組編，因此作者也不曾與日韓裁判長分在同一組。又，依大會規定，裁判不得評分其本國選手，也不得與該國選手交談，若競賽過程中選手有任何疑問，皆須由他國裁判長會同其本國翻譯人員處理。此次包括日、韓、加拿大（法語系選手）及我國均有翻譯人員隨同。本職類翻譯張老師十分稱職，給予我國選手必要的語言協助，隨隊陳裁判長助理及謝技術顧問等諸位同仁，亦都能適時支援；而他國裁判長的無私分享，無形中彼此成了這場競賽的戰友，這份友誼，令人懷念！

各顯神通——我國選手

各顯神通——瑞士隊

全體裁判每日均依規定進度及工作分配,進行主客觀評分。白天依當日評分表記錄選手施作狀況,競賽結束當晚隨即進行主客觀評分,並輸入CIS系統,務必做到今日事今日畢。因此,每日比賽結果,量測評分及登錄作業皆幾近午夜,次日一早於賽前例行的裁判會議再次核對無誤後,始予

每日賽後量測評分

確認。如此連續四天,每日天剛亮,掛上識別證,七點不到即由旅館前往地鐵站。此時各國不同種類的裁判長也陸續抵達站台,隨即搭乘清潔舒適的免費地鐵,八點在裁判室報到,稍作寒暄,八點半開始討論;中午用餐一小時後繼續討論,五點半結束當日比賽,裁判們並上傳當日成績,以便工作人員即時輸入系統討論;次日一早再確認前一天的成績。

如此往返,競賽期間早出晚歸,每日睡眠不到三小時,壓力之大,可見一斑。詢及其他職類我國裁判長,情況不相上下,可見任重道遠,每位職類裁判長無不全力以赴。而這套嚴謹的作業流程和討論方式,加上與各國裁判長不斷溝通、交換意見,個人可謂獲益匪淺。

⑸賽後檢討會議:本會議主要目的係針對下一屆在倫敦舉行的第四十一屆國際技能競賽有關之各項事務進行討論,其中包括本職類執行長、副執行長

及祕書長選舉；同時就各項有關試題、機工具設備、相關規定及文件等達成初步共識，以爲日後各國裁判長在討論專區（discussion forum）上討論之依據。比賽甫一結束，新的任務隨即展開，如此周而復始，幾無晝夜之分。

每日賽後主觀評分　　　　　　　　　　競賽結束召開裁判長檢討會議

地表最強先鋒團隊：
前排由左至右：呂分區裁判長、謝技術顧問、王裁判長、張分區裁判長
後排：前造園景觀學會魏祕書長、李分區裁判長、陳裁判長助理、張翻譯老師、陳國手

(六) 賽後感言

造園景觀職類是我國國際技能競賽中成立相對較晚的職類，作者有幸擔任國內首任裁判長和國際裁判，一路走來，戰戰兢兢，唯恐有負國家託付和職類眾望。乃在階段任務達成之時建立一套完整的培訓和評分制度，使接班人能無縫接軌、走馬上任，更相信在大家的共同努力之下，造園景觀職類必能永續發展。

多年前美國教育界提出 ——「21 世紀技能」（21st-century skill）之推動倡議宗旨，內容包含獨創力、創新力、批判性思考、解決問題能力、溝通能力以及合群力。因此，許多美國中學甚至小學，即已開始提供多樣的職能教育，被認為是一種朝向兼具企業導向之思考。「一紙（畢業證書）在手不如一技（證照證書）在身」的世界趨勢已然形成；而這正是政府與學界產業界合作之最佳契機。

我國造園景觀職類正走在時代的先端，適逢相關專業領域皆積極以提升國際競爭力而全面拓展其技術能量之際，景觀專業正面臨史無前例的挑戰。乃提出整合性景觀教育概念。

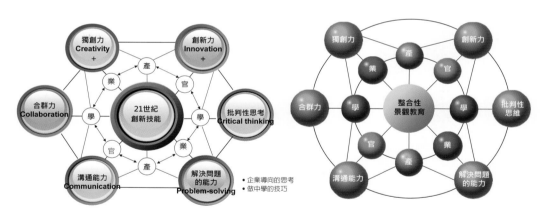

▌ 圖 6-1　二十一世紀創新技能概念圖
　　（修正自歐美積極倡議之教育理念）

▌ 圖 6-2　整合性景觀教育前瞻圖

爰此，在引領景觀教育的各項國家考試漸趨成熟之際，精進造園景觀專業技術教育和訓練，需要關心愛護景觀工程之產官學業界繼續支持，共同努力！

個人曾多次參加國際技能競賽，雖然時隔多年，至今除了感恩磨鍊，仍深感獲益匪淺！乃以四段小語作一總結。

— 綜　述 —

接待報到誠周全	人事調配善聯繫
膳宿交通先運籌	全程進度皆掌控
臨場機動巧應變	個人配備齊供應
場地工具皆整備	競技休閒能兼顧
技藝技能跨國界	敬業精神為圭臬

文化異同表無遺	交流平臺趣事多
多元族群展融合	親切友善樂融融
大禮小品不嫌多	開幕閉幕見巧思
追求目標國際觀	英語能力不能少
一朝習得技與能	終生受惠惠無窮

— 競　技 —

人高馬大占上風	藝巧氣昂體能佳
默契熟練精準度	配備周詳小撇步
圖紙墊片顯神通	角標鑿刀樣樣全
平時猶如戰時練	習慣養成是為上
佈局作功盡完善	勢不可擋勇往前

夜夜評分馬拉松	咖啡白水果飢腹
晨曦暮鼓瞬間逝	匆匆往返足未停
兢兢業業不怠慢	你助我助人人助
君子之爭爭勝負	國際友情情可貴

一 感　悟 一

培訓計畫實周詳	移地訓練倍艱辛
密集操練和堅毅	基本工法勤練習
強中自有強中手	戰場實作見落差
熟練精準和速度	集中火力爲上策

公開試題藏玄機	把握時效宜趁早
體力耐力應變力	技術默契宜兼備
整體形象和美感	知識技能貫全程
假想敵人處處在	平時儲備戰時糧

一 展　望 一

回首數載猶日昨	分區全國國際賽
從無到有起步難	革命情感彌珍貴
東征西討無晝夜	日月精華集一身
自助人助功成竟	旗開得勝同歡慶

國際友人經驗談	培訓中心展效果
培訓重質不重量	人力物力是後盾
步步爲營實紮根	腳踏實地在人爲
昔日播種花遍地	景觀工程是典範

王小璘

于 Calgary · Canada

2009.09.10 深夜

參考文獻

1. 王小璘，2013，由國際技能競賽（WSC）談造園景觀競賽與技能創新，造園季刊，76:3-12，台灣造園景觀學會。

2. 王小璘，2013，臺灣景觀專業發展與景觀教育「最後一哩」——兼談景觀（技）師養成，造園季刊，77:29-37。

3. WorldSkills Competition
   https://worldskills.org。

4. 勞動部勞動力發展署官網
   https://www.wda.gov.tw。

5. 勞動部勞動力發展署官網——青年組技能競賽
   https://www.wda.gov.tw/cp.aspx?n=D5B1A7089708305D。

6. 勞動部勞動力發展署官網——技能檢定中心
   https://www.wdasec.gov.tw/cp.aspx?n=2E04B7BE27AD0D04。

7. 技能競賽主題網站
   https://skillsweek.wdasec.gov.tw/skillsweek/。

8. 勞動部技能競賽實施及獎勵辦理
   https://laws.mol.gov.tw/FLAW/FLAWDAT01.aspx?id=FL066664。

9. 勞動部勞動力發展署技能檢定中心——競賽分類
   https://www.wdasec.gov.tw/News_Photo_Content.aspx?n=4A7CECFD5899B97D&sms=043D0D1EE6F8FB8A&s=50B248DB217370EE。

筆記欄

07

各類環境景觀設計準則
（Environmental Landscape Design Criteria）

(一) 都市公園（Urban Parks）

1. 都市公園的起源

中國～詩經記載：「文王之囿，方七十里，芻蕘者往焉，雉兔者往焉，……」，
　　周文王之囿，開放給庶民共同使用，乃世界上最早出現之公園。

古希臘～ Agora（現今都市廣場），供市民共同生活或舉行祭典之用。

古羅馬～ Forum（相當於廣場）。

　　　　Colosseum（大圓形廣場），最早的公共劇場。

▍ 羅馬都市廣場

▍ 羅馬圓形廣場

中世紀～ Guild，原為苑地，之後供
　　市民戶外休養之用。

義大利的文藝復興～別墅（villa）及法
　　國的凡爾賽宮（Versailles）
　　均開放給民眾參觀。

▍ 法國凡爾賽宮

英國於十九世紀初首創近代公園 —— 如 Hyde Park, Regent Park, Kensington Park, St. James Park 等。十九世紀中葉 Municipal Park（市民公園）為法律認定。1848 年「The Public Health Act」規定 Village and Town Greens 應作為附近市民育樂場所，當時稱為「Public Walks」。1925 年修正案擴大民眾對開放空間的利用。

之後，Ebenezer Howard（1850-1928）爵士提出花園城市（Garden City）三磁（The Three Magnets）概念，並於 1905 年於倫敦近郊興建 Letchworth Garden City 和 Welwyn Garden City（花園城市），促使英國

英國海德公園

英國 Howard 爵士
資料來源：https://www.wikiwand.com/zh/ 埃比尼澤・霍華德（公有領域）。

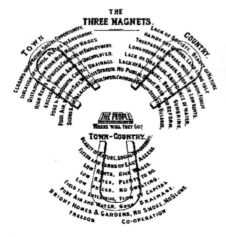

花園城市三磁概念
資料來源：https://www.wikiwand.com/zh/ 田園城市理論（公有領域）。

Letchworth 田園城市

及世界各國都市計畫劃設綠帶（greenbelt）。其後，許多曾是大英帝國之殖民地也多所效尤，如新加坡即以「花園城市」著稱。

新加坡有「花園城市」之稱

十九世紀至二十世紀～ Frederick Law Olmsted 倡議現代公園運動，美國紐約中央公園（Central Park，約 340 ha）以自然手法設計，成為廣大市民重要的戶外休閒場所。

美國紐約中央公園

德國～一次大戰前以英美為典範，戰後質量凌勢而上，設分區園（allotment）（現今市民農園之前身）供民眾使用。規模大的公園內設有兒童遊戲場、俱樂部、運動場、戶外劇場、日光浴場、鳥園等。

日本～ 1875 年開放淺草公園、芝公園、上野公園等。

中國～民國 3 年開放北平故宮御苑，如中央公園、北海、北京頤和園、杭州西湖等。

▌日本御園開放民眾參觀

▌杭州西湖周邊古鎮

臺灣～於 1897 年創建圓山公園，其後各縣市陸續設置規模大小不等的公園。

▌北京頤和園
資料來源：https://zh.wikipedia.org/zh-tw/ 頤和園（公有領域）。

▌臺北圓山公園舊址（今圓山自然景觀公園）
資料來源：https://www.google.commaps/。

2. 都市公園的機能

(1)景觀構成：

　A. 空間、設施與氛圍能使人獲得滿足的歡愉。

　B. 體會都市之美質、季節變化、自然氛圍和生命力。

　C. 型塑都市發展型態。

　D. 美化都市。

(2)環境保護：

　A. 區域生態系統之保護：地下水涵養、抑制土壤沖刷、自然淨化、野生生物保護。

B.都市環境之調節與保護：溫度與濕度調節、防風通風、防雨禦雪、大氣淨化、噪音緩和、防塵減碳。

C.經濟價值之達成：自然景觀之保護、自然資源之保存及觀光區之營造、增進市民教益。

(3)防災避險：調節洪泛、抑制延燒、提供收容避難場所。

(4)休閒娛樂：藉由空間綠地、休憩設施及各色植栽，提供市民閒暇之活動舒壓與身心療癒。

(5)構成海綿城市及韌性城市重要之一環。

3. 都市公園綠地系統的空間型式

(1)分散式：

優：可及性高。

缺：聯絡性差。

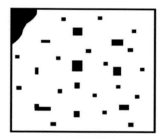

分散式（如紐約）

(2)園道型式：

優：聯絡性佳。

缺：缺乏大面積的公園。

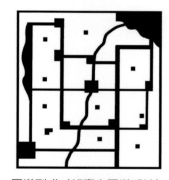

園道型式（如臺中園道系統）

(3)環狀綠帶型式：

優：都市街道之疏散效果佳。

缺：都市內部與外部缺乏聯繫。

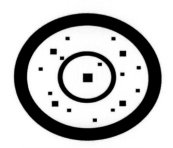

環狀綠帶型式（如漢城）

(4)放射狀綠帶型式：

　　優：放射狀道路附近發展較快，內外聯
　　　　繫佳。

　　缺：綠地間空間發展較緩。

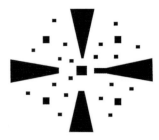

放射狀綠帶型式（如巴黎）

(5)放射環狀綠帶型式：

　　優：都市街道聯絡性佳，內外聯繫較順
　　　　暢，為一種理想的都市公園綠地型
　　　　式。

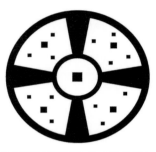

放射環狀綠帶型式（如柏林）

(6)分離綠帶型式：

　　‧受河流、山岳等障礙之發展。

　　‧住宅區與工商業地區以綠帶分隔，發
　　　揮公園機能效果。

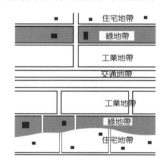

分離綠帶型式（如住宅區及工
商業區綠帶分隔）

4. 都市公園系統規劃

(1)八大理念：全面啟動、整體考量、強調功能、兼顧美學、掌握原理、合理
布局、分區明確、易於維護。

(2)八大技術：開闊綠地、植被草溝、緩衝綠帶、透水舖面、立體綠化、雨水
花園、生態滯洪池、蓄水池。

5. 都市公園設置原則

都市公園配置為都市計畫之一環；亦是都市公園綠地系統的一部分。其設置原

則如下：

　　⑴都市土地使用計畫應對公園高度利用。

　　⑵與各種交通設施，應保持緊密聯繫。

　　⑶選擇易於獲得和易於施工及管理之土地。

　　⑷考慮多應用低濕地、荒廢地、水邊地、傾斜地等不適於建築之土地。

　　⑸服務範圍應以全市市民為主要對象。

　　⑹對於各種不同機能之公園分布，應求均衡發展。

　　⑺應具有都市防洪地震等避險減災功能。

　　⑻應考慮公園相互間的聯絡系統。

　　⑼不同季節均能利用，且可以達到各種休閒遊憩目的。

　　⑽與都市灰色基盤、水資源取得共伴效應，有效達成海綿城市及韌性城市之永續目標。

6. 都市公園基本設施

　　⑴喬木、灌木、地被及攀藤植物、草地、水生植物、廣場、花架、花壇、綠籬、橋梁、假山、水池、迴廊、無障礙設施、溜冰場、極限運動區、滑板場、兒童遊戲設施、共融式遊具、體健設施、座椅、洗手台、飲水機、友善廁所、涼亭、解說設施、照明設施、澆灌設施、停車場、垃圾廢物收集或焚化設備、通用化出入口及路徑、智慧化設施、給排水系統等。

　　⑵兒童遊戲場及運動場可合併設置於此，但需考慮與靜態休憩區作適當隔離。兒童遊戲設施、共融式遊具與體健運動設施應規劃於一區，以便於長輩就近照顧和管理維護。

7. 都市公園設計原則

　　⑴整體性原則：

　　　A.配合都市公園綠地系統，配置各種設施，避免活動使用上的重複。

　　　B.應考量與周遭環境（區位、人口結構、人口密度等）作整體規劃。

　　　C.合理的土地使用分區。

　　　D.達成安全性、主題性、聯絡性、適合性、便利性、境界、個性、自明性、低維管性、可持續性等十大要項。

　　　E.各種活動均有足夠的空間，所占空間均能滿足所需適應環境之條件。

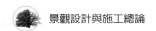
F. 較大面積的都市開放空間，在規劃上可以考慮作爲較大型或較正式之活動場所；也可以考慮併入公共性建築物，但必須以不影響公園綠地之整體性爲原則。

G.適合多種用途，在不同的季節能提供不同的遊憩活動。

(2)使用性原則：

A.都市公園所提供的場所與設備，應考量附近居民的人口結構與活動需求而設置。

B.都市公園所提供的活動場所與設備須將自然環境因素納入考量。

C.大面積的公園，在設計上應注意使用者從事各種活動之便利性。

D.都市公園的動線安排應與周遭環境之動線系統相互配合，並能與人行步道系統連接。

E.都市公園之規劃應同時考量社交的公共空間與私密安全的休憩空間。

F. 如有需要，於規劃初期即須考量市集場地之設置，避免公園使用後攤販違規進駐。

G.多人聚集的活動場所，須規劃飲水機、販賣機、公共廁所等，以利民眾使用。

(3)視覺性原則：

A.都市公園在視覺上應考慮與整體環境的配合，以及與綠地系統的搭配。

B.面積較爲寬闊的都市公園，在土地使用分區上，應注意各活動使用區與自然（或半自然）地區之協調性。

C.規劃階段應善用景觀點調查分析的結果，使公園使用者藉由「借景」欣賞園外之美景。

(4)自然性原則：

A.在規劃階段應提出有關生態和環境保護的全盤計畫。

B.在土地使用分區上應考量生態區與休憩活動之間的區隔。

C.面積較大的都市公園，在規劃階段應提出與生態相關之實質計畫。

(5)社會性原則：

A.透過民眾參與，瞭解使用者需求，以提高公園之使用率。

B.面積較大的都市公園，可以設置大型的活動場所或是屬於地區性的特殊活動場地。

C.必要時，依法規設置活動中心，以便舉辦室內活動。

(6)精神性原則：

A.公園土地的使用方式應針對不同之鄰里人口結構及其活動特性規劃之。

B.在整體計畫中提出環境教育系統，使公園成為最好的環境資訊學習場所。

C.應規劃多樣性的活動空間，以滿足不同民眾之需求。

8. 都市公園設計準則

(1)整體性準則：

A.保留基地既有植物。

B.保留基地原有活動，並提供多樣設施以滿足使用者需求。

C.具有整體性、安全性（含無障礙通道及出入口）、多樣性、私密性、內涵性的空間布局。

D.各種活動均有足夠的空間，所占空間均能滿足所需要適應環境之條件。

E.設計活動時應考量公園周邊的環境特性。

F.整體公園空間的配置須考量各活動的設置區位與動線之流暢性，避免由於空間寬闊所造成的迷失感。

G.各活動區應具有統一或相似之語彙或元素，以確保公園的整體性。

(2)使用性準則：

A.設計上應重視空間的彈性使用及安全性。

B.面積較小的都市公園在軟、硬舖面的配置上，應以實用性為優先考量。

C.面積較大的都市公園應以草坪為主，人工舖面為輔之比例，以兼具生態與休憩功能。

D.配合公園主次出入口，區內動線應有主次之分。

E.園內動線系統，應易於到達而不致干擾其他活動。

F. 簡明舒適及連續之動線系統。

G.都市公園除考量進入公園的使用者外，亦需考量公園周邊及經過公園者之視覺效果。

H.採用減量及低衝擊設計（LID）手法。

(3)視覺性準則：

A.面積較大的公園應營造多樣的植栽組合。

B.面積較小的公園可輔以立體綠化。

C.設施物及舖面所定義出的空間，應對其色彩與質感多加考量。

D. 應有四季變化的視覺效果。

E. 材料與型式，力求簡單樸素，並達美觀大方之效果。

⑷自然性準則：

A. 利用在地或已馴化之原生樹種，營造適合當地生物生存環境。

B. 避免大規模的開挖整地，維持地區性生態與環境之和諧。

C. 儘量依既有地形、植群作設計，以免影響原有生態特性。

D. 各項景觀設施應與環境相協調。

E. 採用適當樹種，達到使用目的。

F. 採用防火、耐旱、耐鹽、耐風、耐空氣汙染及誘蝶誘鳥之各類植物。（植物種類可參考「總論 08 各類環境景觀植物種類」）

G. 避免使用有害樹種或搭配解說設施，以達致環境教育之目的。（植物種類可參考「總論 09 各類有害植物種類」）

⑸社會性準則：

A. 都市公園可以成為凝聚地方意識、交流地方事務的最佳場所。

B. 面積較大的公園須營造如廣場、咖啡座等戶外社交聚集場所，以調節湧入的人潮，豐富公園空間的使用。

C. 面積較小的公園，可將交流場所附屬在其餘活動空間，如兒童遊戲場、小型野餐烤肉區等處。

D. 都市公園可採用地區性元素或特殊活動，作為公園的主題，以凝聚市民共識，塑造公園特色。

E. 以緩坡取代地形高差的通路，發揮友善環境功能。

F. 設置無障礙出入口及步道系統。

G. 通用化公園設計之應用。

⑹精神性準則：

A. 都市公園內可以提供當地歷史、文化、產業、特殊物種等屬於地區性的教材。

B. 面積寬廣的都市公園，適合推行環境教育。如運用豐富的自然資源進行生態教育、定期舉辦體能遊戲、提供靜態的欣賞，對於公園綠地的長遠發展有相當助益。

C. 善用營造不同活動場域，滿足不同使用者需求。

D. 採用誘蝶誘鳥植物營造療癒環境。

E. 善用各類景觀植物並搭配解說設施選用有害樹種，提供民眾認知與學習，發揮環境教育功能。（植物種類可參考「總論 08 各類環境景觀植物種類及 09 各類有害植物種類」）

9. 鄰里公園設置原則

鄰里公園為都市公園系統中之最小單元，與市民日常戶外休閒活動關係最為密切。

(1)位置：以社區居民容易安全到達為原則。

(2)面積：以每一鄰里單位設置一處為原則。

服務半徑不超過 400 m。

(3)使用對象與時間。

A. 以長輩、家管及兒童三類族群使用最多。

B. 一般以星期例假使用頻率最高，其中又以早晨與黃昏為最。

C. 若照明充足，則夏日夜晚的使用率亦相對提高。

10. 鄰里公園基本設施

(1)喬木、灌木、地被及攀藤植物、草地、水生植物、花架、涼亭、花壇、綠籬、戲水池、體健設施、兒童遊戲場、座椅、欄杆、市民農園、滑板區、小型溜冰場、運動場、共融式遊具、飲水台、飲水機、簡易澆灌設施、友善廁所、廣場、園路、燈具、標示牌等。

(2)共融式遊具、兒童遊戲場與體健設施應規劃為一區，以便於管理維護與長輩照顧。

11. 鄰里公園設計原則

(1)保有社區原有特色。

(2)保留特殊生態環境，如植物、林相、地形、地貌、水域等。

(3)強化社區地方風格。

(4)兼顧多元族群之居民需求。

(5)提供多樣的休憩活動及設施，促進居民之認同感和參與感。

(6)符合安全性、便利性、主題性、創意性、自明性、生產性、低維管性。

(7)提供多樣生物棲地，成為都市生態網絡之跳石（stepping stone）。

(8)搭配解說設施，妥善運用各類環境景觀植物，以達致環境教育之目的。

12. 鄰里公園設計準則

⑴以較不規則的空間型式作整體規劃。

⑵要有明確的分區配置，較開敞的空間作爲動態遊憩活動，較私密的空間作靜態活動使用。

⑶自然材料爲主，人工設施爲輔，後者須與環境和諧與統一。

⑷以多樣的植栽和混合樹種界定大空間。

⑸以綠籬或縷空矮牆界定空間。

⑹無障礙出入口及步道系統。

⑺儘可能留出大面積草地供不同年齡居民自由活動。

⑻有觀賞性的植物供居民觀賞，有開展性的常綠喬木供居民遮蔭。

⑼採用耐旱、耐鹽、耐風、耐空氣汙染及誘蝶誘鳥之各類植物。（植物種類可參考「總論 08 各類環境景觀植物種類」）

⑽通用化設計原則之應用。

13. 相關法規及標準

⑴建築技術規則建築設計施工篇。

⑵內政部建築研究所，廣場及開放空間通用化設計規範。

⑶市地重劃實施辦法。

⑷平均地權條例（民國 112 年 2 月 8 日）。

⑸臺灣省公園管理辦法（民國 111 年 12 月 12 日）。

參考文獻

1. 王小璘、何友鋒，1998，台中市新市政中心專用區都市設計暨景觀設計規範研究，臺中市政府，p.651。

2. 王小璘，1999，都市公園綠量視覺評估之研究，設計學報，4(1):61-90。

3. 王小璘、何友鋒，1999，公園綠地規劃設計準則研究，內政部營建署，p.186。

4. 王小璘、何友鋒，1999，景觀設施專業施工、監造制度研究，內政部營建署，p.380。

5. 內政部營建署，2010，公園綠地系統規劃設計手冊暨操作案例，中華民國景觀學會。

(二) 園道（Parkway）

　　都市計畫的趨勢，已使都市組成元素互相交流，住宅伸入庭園，庭園伸入公共綠地，公共綠地伸入郊區。然而，都市環境是複雜而敏感的，科技文明的腳步最先登陸都市並迅速影響都市的發展，尤其汽車的出現更毫無保留地改變都市環境結構；道路被拓寬，路面鋪柏油，噪音量增加，空氣變汙濁，人車爭道路。於是，二次大戰後的歐洲開始在市區進行人車分道政策，如英國的 Conventry、Harlow，以及 Stevenage 和 Basildon 等新市鎮（New Town）均將園道納入都市整體規劃；並於 1950 ～ 1960 年間，改善原本混亂的交通狀況。

　　1957 年，美加地區著手進行市區園道試驗計畫，將既有道路作暫時性的車輛封閉。試驗結果證實了此項計劃之可行性，進而促成美國密西根 Kalamazoo 園道的誕生。1970 年代，更整合綠帶（greenbelt）與園道（parkway）之概念，將自然的河谷、山稜線、古道或被改變作為遊憩使用之舊鐵道納入規劃範圍。

1. 園道的特性

　　園道是一種線性的公園，它將都市公園綠地作整體性的串聯，使都市中支離破碎的綠地有了完整的聯繫，且不需要大面積的土地即可獲得一個安全舒適的都市戶外生活空間。其主要特性包含：

　　⑴具有公園綠地的功能。

　　⑵以步行和自行車為主要交通工具。

　　⑶聯絡鄰近公園綠地及開放空間，利用價值極高。

　　⑷可為都市防災公園系統之一環。

　　⑸受周邊土地使用影響而有不同的使用行為。

▌ 都市園道可供步行及自行車使用（英國倫敦）

▌ 十九世紀香榭麗舍大道和周邊公園綠地是巴黎市重大綠化工程

園道結合周邊開放空間增加市民休閒活動機會（美國紐約）　園道與周邊綠地串聯提高土地利用價值（英國倫敦）

2. 園道的功能

園道係公園綠地系統之一環，具有以下多項功能：

(1)實質層面：

A. 提供人車分享、遮陽庇蔭之道路空間。

B. 彌補都市綠地面積之不足。

C. 減低都市擁擠、控制都市化蔓延。

D. 提供民眾防災避險場所。

E. 提供一個花草樹木和新鮮空氣的愉悅場所。

(2)生態層面：

A. 改善都市微氣候、減少都市噪音和空氣汙染。

B. 有助於保水固土、減緩都市熱島效應。

C. 提供生物棲地及遷徙繁衍場所。

D. 提供雨水收集、調蓄淨化，降低洪泛隱憂，營造海綿城市。

E. 減少周邊河川汙染物，提供都市水資源有效利用。

F. 作為綠色基盤，建構韌性城市。

園道串聯都市綠地營造舒適的生活環境（西班牙巴塞隆納）　住宅區緊臨園道提供安靜舒適之步行空間（法國巴黎）

99

(3)社會層面：

   A.提供合乎人性的休憩空間，使居民享受回歸自然的環境。

   B.提供親切的人性空間和街道傢俱，舒緩身心，增進民眾社交與活動。

   C.提供安全且具吸引力的學習環境，達到寓教於樂的功能。

   D.提供交流空間，增進市民的社區意識、減少人際間的疏離感，進而減少社會問題的產生。

   E.提供舒適便利且引人的逛街購物路徑，增加都市生活的趣味性。

園道提供交流空間，增進市民的社區意識和認同感（西班牙巴塞隆納）　　臺中市東光園道的休憩活動

(4)衛生層面：

   A.促進民眾身心健康，舒緩都市生活所造成的精神壓力。

   B.提供民眾休憩活動場所，增加生活樂趣。

   C.四季變化的植物景色，調劑民眾身心平衡。

   D.提供優質的公共藝術，美化市容環境。

   E.提供民眾美好的視覺享受。

園道吸引年青人走出戶外活動（英國倫敦）　　臺南奇美博物館周邊園道的休憩活動

⑸經濟層面：

　　A.提供物流、能流及供水之運輸管道。

　　B.透過園道綠地增加，提高透水面積，有助降低都市調節水量工程造價。

　　C.整合旅遊資源、加強城鄉互動、促進相關產業發展，提高沿線土地價值。

　　D.集約利用都市有限土地資源。

3. 園道的組成

園道組成共有九大系統，各系統之內容和設施如下：

┃ 表 7-1　園道的組成系統

系統	內容	設施
(1)交通系統	人行步道、自行車道、步道兼自行車道、殘障車道、交通轉運站（須符合法令規章）	舖面、導盲磚、緣石、階梯、坡道、棧道、高架橋、停車彎、停車格、自行車架、車阻等。
(2)管理服務系統（屬於規模較大的園道，須符合法令規章）	管理設施、服務設施	管理中心、遊客服務中心、自行車出租站等。
(3)休閒遊憩系統	休憩區、活動廣場、停車空間	涼亭、花架、座椅、野餐桌椅、體健設施、兒童遊具、觀景平臺等。
(4)商業活動系統（須符合法令規章）	商業活動設施	小型販售站、特色小吃攤、形象快餐車、自行車出租站等。
(5)綠化美化系統	各類植物、人造設施	遮陽喬木、複層植栽、綠籬、花壇、植栽槽、樹圍、假山水池、水景、雕塑、景觀小品等。
(6)教育解說系統	解說設施	解說牌、導覽牌、指示牌、點字牌、告示牌、警示牌、布告欄、QR Code 等。
(7)安全防護系統	安全及防護設施	欄杆、護欄、擋土牆、圍籬、無障礙設施、導盲設施、燈具、隔離墩、車阻、安全島、減速帶等。
(8)環境衛生系統	衛生設施	廁所、飲水機、洗手台、垃圾桶等。
(9)排水給水系統	排水設施、澆灌設施	排水溝、草溝、卵石溝、集排水口、陰井、給水、防盜型快取式給水閥等。

4. 園道環境空間系統規劃目標

⑴依循八大理念：整體考量、全面啟動、生態先行、兼顧美學、掌握原理、合理布局、分區明確、易於維護。

⑵配合公園綠地系統，布局符合多元年齡層之各類設施，充分有效利用土地資源。

⑶提供安全便利舒適的路徑空間，使民眾能充分享受步行的樂趣。

⑷提供多樣的休憩活動與設施，使民眾產生認同感、參與感和歸屬感。

⑸保全既有植被，採用在地原生種或已馴化之外來種植物。

⑹型塑獨特的都市意象，反映民眾追求高品質生活環境之理想。

⑺具備多用途空間，在不同的季節與時間，提供不同的街道活動。

⑻管控都市邊界（edge），連結都市內外部環境。

⑼配合園道綠色基盤，串聯都市周邊自然資源。

⑽確保最低管理維護成本及永續經營。

5. 園道規劃原則及應考慮因素

⑴規劃原則：

A. 系統性原則：考量城鄉發展，銜接上位及相關計畫，整合區域自然及人文資源，強化城鄉聯繫，形成人本綠色網絡，發揮環境整體效益。

B. 人性化原則：以滿足民眾休閒健身爲重點，強調人性化設計，完善園道服務設施，確保民眾使用之安全性、舒適性及便捷性。

C. 生態性原則：尊重生態基底、順應自然、因地制宜，對既有地質水文、地形地貌、歷史人文等資源，以及環境敏感區作最小的干擾。

通過園道有機連接分散的生態斑塊（patch），強化生態連結（connection）和海綿城市（Sponse City）功能，構建連通城鄉的生態網絡系統（Ecological Network System），達致韌性城市（Resilient City）之目標。

D. 友善性原則：以符合多元年齡層使用者需求爲主要考量，特別是需要關注的弱勢族群。

無障礙路徑舖面應利於輪椅、輔具及幼兒手推車使用者行進，其材質應堅固、平整及防滑。

E. 協調性原則：緊密地結合區域內之實質條件和社會經濟發展需求，並與道路建設、景觀綠化、防洪排水、環境保護和生態修復，以及環境治理（environmental governance）等相關工程相互調和，共創共好。

F. 獨特性原則：充分結合不同的既有自然、人文資源和環境特徵，彰顯地域風格和景觀自明性。

G. 經濟性原則：有效利用土地資源，善用既有設施和植被，管控新建規模，降低建設及維護成本；並應用綠色零碳減塑、節能環保材料、技術與設備。

採低衝擊開發方式（LID），使雨水滲入地底儲存，並加以利用。

H.美觀性原則：透過美學設計，落實於工程生命週期，以彰顯「美學工程」特色。

⑵應考慮因素：

A.社會因素：包括交通、通道、停車、服務、步行動線、歷史古蹟、既有建物設施之養護、民眾參與。

B.生態因素：包括地質土壤、地形地貌、微氣候、水文水質、動物、植物、昆蟲、鳥類。

C.經濟因素：中央和地方財源、市場分析、民間資源、經費造價、成本效益。

D.法規因素：市、縣（市）國土計畫、開發許可、上位及相關法令與法規、景觀綱要計畫、地方自治條例。

6. 園道設計原則及應考慮因素

⑴設計原則：

A.合乎人性的空間尺度。

B.便利安全的動線系統。

C.舒適愉悅的通行路徑。

D.生動活潑的時空變化。

E. 友善共融的休憩環境。

F. 多元年齡的社交活動。

G.高度文明的商業行為。

H.蟲鳥齊鳴的田園風光。

I. 精緻簡約的街道傢俱。

J. 堅固美觀的夜間照明。

⑵應考慮因素：

A.都市意象：包括通道、節點、地標、邊緣和區域。

B.美學品質：包括連續性、秩序性、重覆性、通透性、相似性、封閉性，軸線、韻律、尺寸、體積、型態、輪廓、比例、質量、天際線、色彩和光影。

C.感官品質：包括視覺、聽覺、味覺、嗅覺、觸覺之五感體驗，四季時令變化、空間指引性（instruction），及「渠」（ditch）「池」（pool）效果。

D.生境品質：物種（species）、棲地（habitat）、多樣性（diversity）、豐

富性（richness）、遷移路徑（corridor）和生態交錯帶（ecotone）。

E. 依循八大技術：植樹減碳、四時花卉、緩衝綠帶、平順舖面、無障礙設施、生態滯洪池、水撲滿、雨水花園。

F. 儘量採用防火、耐旱、耐風、耐空氣汙染及誘蝶誘鳥植物。（植物種類可參考「總論 08 各類環境景觀植物種類」）

G. 避免採用有害樹種，必要時搭配解說設施，以達環境教育之目的。（植物種類可參考「總論 09 各類有害植物種類」）

7. 園道設計準則

目前國內尚無訂定有關園道中路徑之寬度、坡度、串聯道路及接駁點之設計準則。本單元參考「自行車道系統規劃設計參考手冊 2017 修訂版」及內政部營建署「都市人本交通規劃設計手冊」研擬之。為避免與一般道路設計準則之「人行道」產生混淆，乃將園道中之步道，以「人行步道」稱之。

⑴設計基本要項：

A. 遵循「生態優先、因地制宜、安全連通、經濟合理」原則，結合所經過地區的資源與特色。

B. 保留既有植被，避免大填大挖；確保使用者之安全性、可及性和舒適性。

C. 以低衝擊開發設計手法，透過綠化及自然下滲貯留系統，降低地表逕流衝擊，增加土壤容受力。

D. 根據現況靈活設置人行步道、自行車道及步行兼自行車道。

E. 在滿足坡度、寬度、淨空等之條件下，採用人本及無障礙環境通用設計，並設置導盲設施。

F. 主要動線以直線為原則，避免迂迴、設置旋轉門或障礙物，並使輪椅及輔具及幼兒手推車使用者得以雙向同時通行。

G. 以透水材質且表面平整工法施作。

H. 出入口人行淨高不得小於 2.1 m，淨寬不得小於 1.5 m；但因地形限制或管制僅容單向通行者，其淨寬不得小於 90 cm。

I. 除維護管理、消防、醫療和應急救助用車臨時通行之外，應避免汽機車進出。

⑵系統設計準則：

路徑係指人行步道和自行車道之總稱。

A. 園道路徑寬度：根據人行步道、自行車專用車道及行人與自行車共用道路，因地制宜、設計不同使用類型園道之路徑寬度；其最小路徑寬度如表 7-2。

▌表 7-2　園道路徑寬度參考表

使用類型		方向	淨寬度（m）	備註*
人行步道		單向	1.5 m 以上為宜，最小 1.2 m	單車單向
		併行	2.5 m 以上為宜，最小 2.0 m	雙車單向
		雙向	2.5 m 以上為宜	雙車雙向
自行車專用車道		單向	1.5 m 以上為宜，最小 1.2 m	單車單向（圖 7-1）
		併行	2.5 m 以上為宜，最小 2.0 m	雙車單向
		雙向	3.0 m 以上為宜，最小 2.5 m	雙車雙向
行人與自行車共用道	混用		4.0 m 以上為宜，最小 3.0 m	
	分隔	單向	3.0 m～4.0 m	人行步道不得小於 1.5 m；自行車 1.5 m
		併行	4.0 m～5.0 m	人行步道不得小於 1.5 m；自行車 2.5 m（圖 7-2）
		雙向	5.0 m 以上	人行步道不得小於 1.5 m；自行車 2.5 m 以上
人行步道兼無障礙通路			2.5 m 以上為宜，供兩輛輪椅併行者最小淨寬為 1.5 m，如因局部路段空間受限時，不得小於 0.9 m；坡道上方最小淨高為 2.1 m。	

＊：若規劃三輪腳踏車進入，則自行車道寬度不得小於 2.0 m。

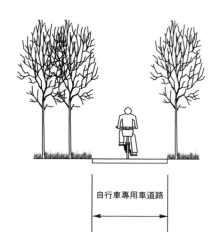

圖 7-1　自行車專用車道示意圖

圖 7-2　行人與自行車共用路徑示意圖

B.園道路徑坡度：縱斷面應儘量與現狀自然地形相結合，橫斷面應坡向綠化帶。針對不同類型的園道，其坡度設計範圍可參照表 7-3。自行車道坡度大於等於 3% 時，可參照表 7-4。

表 7-3　園道不同類型路徑坡度參考表

使用類型	縱斷面坡度	橫斷面坡度
人行步道	5% 以下為宜，最大不得大於 12%。	最小 0.5%，最大 5%。
自行車專用車道[*1]	5% 以下為宜，如受地形或其他特殊限制者不得大於 8%。	2% 為宜，最小 0.5%。
行人與自行車共用道[*2]	5% 以下為宜，如受地形或其他特殊限制者不得大於 8%。	2% 為宜，最小 0.5%。
人行步道兼無障礙通路[*3]	小於 5% 為宜，大於 5% 應視為無障礙坡道，不包括路緣斜坡；不宜大於 8.33%（1：12）。	最大為 2%。

＊1：車道只供自行車使用，路權專屬於自行車。

＊2：於範圍內劃設特定空間，提供自行車與行人共用，此種專用道路可作為休閒遊憩之用，其大部分設置在河濱海邊校園或公園內。

資料來源：自行車道系統規劃設計參考手冊 2017 修訂版。

＊3：(1)路徑高低差小於 20 cm 者，其坡度得酌予放寬。

　　　坡度高低差 20 cm 以下為 1/10，5 cm 以下為 1/5，3 cm 以下為 1/2。

　　 (2)高程每上升 75 cm，應設置不小於 150×150 cm 之平臺，平臺之坡度不得大於 1/50。

　　 (3)無障礙步道舖面勾縫處應無高度落差，其寬度不得大於 0.8 cm。

資料來源：建築物無障礙設施設計規範 2012 修訂版。

▎ 表 7-4　園道中路徑坡長參考表

使用類型	縱斷面坡度（%）	限制坡長（m）
自行車專用道	≤ 3	–
	3	500
	4	200
	5	100
	6	65
	7	40
	8	35

資料來源：營建署市區道路及附屬工程設計規範（111 年修訂版）。

C. 串聯道路：

a. 應儘可能與交通轉運站、公園、學校、遊憩區等據點結合，並應避免直接連結國道、省道、快速道路等主要路線及交通衝突量高之地區，以及縣道、鄉鎮道等非主要公路或城市次要道路。

b. 若兼具園道連接和都市交通功能，應有效進行交通系統和功能銜接，採取適當的交通管制措施，包括道路交通號誌、標線、園道標識設施、安全隔離設施等；並符合都市道路建設規範，確保使用安全。

c. 串聯道路不宜過長，位於都市中的園道，其單段園道串聯道路長度不宜超過 1 km；位於郊區或鄉鎮地區的園道，其單段園道串聯道路長度不宜超過 3 km；累計長度不超過當地園道總長度之 10%。

▎ 園道出入口鄰近既有道路（西班牙巴塞隆納）

d. 串聯道路應確保銜接順暢，人行步道寬度不得小於 1.5 m；自行車道寬度單向不得小於 1.5 m，雙向不得小於 3 m；淨空不得小於 2.5 m。

e. 自行車道系統應完整連結，動線應有連續性及無障礙設計。

f. 若兼具通勤自行車道，應選擇時間延誤少、連續性高的路線，成效較佳。

g. 善用舊鐵道、圳路、堤岸道路等，並以公有地爲優先考量。

D. 交通接駁點：

    a. 園道應儘量避免與鐵、公路和快速路相交。若與上述交通路線交會時，宜採用立體交叉型式，並與周邊環境相協調。

    b. 園道出入口宜鄰近既有道路及公共路網停靠站，方便交通換乘；並設置自行車停放專區。

    c. 園道公共停車場、計程車停靠點、驛站等需依照人流集散布局；並遠離生態敏感區。

    d. 不同交通換乘應留出必要的安全集散空間，搭配設置減速帶及標識等。

    e. 公共停車場應包括汽機車及自行車空間，並設計爲生態綠化停車場。

    f. 停車場出入口之人行動線應避免和自行車及汽機車交叉，並與都市道路順向銜接。

(3)景觀綠化美化：

A. 應遵循「生態優先、因地制宜、適地適種、地方特色」之原則，根據不同園道使用類型結合既有資源進行植栽設計，並與周邊環境相協調。

B. 最大限度的保護、合理利用現有自然及人工植被，善用在地樹種或已馴化之植物。綠化帶內百年老樹、珍稀植物等均應全數原地保留，並妥善保護。

C. 維護植物群落的穩定，防止外來物種入侵造成生態災害；並優先選用生態效益高、適應性強、景觀良好、成本較低和容易維護的植物種類。

D. 植物配置應兼顧生態、景觀、遮蔭、教育、交通安全等功能；並注意季節變化，常綠與落葉、速生與慢生植物種類的搭配。

E. 視覺不良之景觀，應選擇適當樹種以「障景法」配置之。

F. 園道出入口和交通接駁處應採取通透式種植法。

G. 鄰近人行步道、自行車道及輪椅、手推車的區域，避免採用有毒、異味、枝條易脆落、有刺及浮根性植物等有害樹種。（植物種類可參考「總論09 各類問題植物種類」）

H. 考量生物遷徙及繁殖等功能，緩衝綠帶單側寬度不得小於 10 m，並保護綠帶範圍內的生物多樣性，確保動植物生境，維持生態系統功能之穩定性。

I. 保護綠帶內園道之自然地形地貌、水理水文、防控水土流失和水體汙染

及生態破壞；對生態已遭到破壞之植被或水體，應採用生態技術和工法即時修復，並進行綠化保全。

J. 結合海綿城市建設手法，統籌雨水滯留再利用，提升園道雨水逕流及水質汙染控制等功能。

K. 行道樹間距以樹冠寬＋2 m 為宜。

L. 儘可能選用防火、耐旱、耐風、耐鹽、耐空氣汙染及誘蝶誘鳥之喬木、灌木、地被及草生等各類植物。（植物種類可參考「總論 08 各類環境景觀植物種類」）

(4)系統設施設計準則：

A. 服務設施：

a. 管理服務設施應結合轉運站和休息站設置。

b. 休閒遊憩設施應結合休息站和園道沿線景點設置。

c. 商業活動設施可結合管理服務及休閒遊憩設施設置。

d. 教育解說設施應於園道沿線具有重要生態、景觀、歷史文化價值之資源點設置。

e. 環境衛生設施除結合休息站、休憩點設置外，應根據需要設置。廁所設計應考慮服務對象及多元族群；並強調通風、採光、安全、舒適、美觀、清爽及明亮之空間視覺效果。

洗手台注意排給水，並易於清理維護；垃圾桶宜設分類指示標誌，並採用生態環保材料。

B. 安全防護設施：

a. 園道外側人行道高於相鄰地面 20 cm 以上，應設置高度 5 cm 以上之防護緣；高於相鄰地面 75 cm 以上，除防護緣外應加設安全護欄或護牆，其總高度不得小於 1.1 m；並應符合「市區道路及附屬工程設計規範之規定」。

b. 依據內政部「主管活動場所無障礙設施設備設計標準」規定，無障礙設施應設置等候轉向平臺，並有適當照明。平臺面積不得小於 6 m²，各方向長度不得小於 1.5 m，坡度不得大於 1：50。設有坡道者，其傾斜方向應與行進方向一致，坡度不得大於 1：20。但因地形限制，坡度不得大於 1：12，並應加設扶手或公告應有輔助人員或輔具協助使用。

c. 依前項規定，人行動線地面上方 60 cm 至 2.1 m 範圍內，如有 10 cm 以

上之懸空突出物，應設置警示及防撞設施。

d. 園道與車道之間應有設施或標識，包括隔離綠帶、地坪高低差、隔離墩、護欄及道路標線等。

e. 隔離綠帶寬度不得小於 1 m。若園道與車道隔離寬度小於 1 m 時，應設置隔離墩或護欄，其型式及材料應與周邊環境相協調。

f. 在無法設置硬體隔離的路段，園道與車道之間必須設置交通標線，並採用白色實線分隔，且禁止汽車壓行園道。

g. 寬度大於 3 m 的園道入口處，應設置車阻，以防止汽機車駛入。

C. 地坪設施：

a. 地坪設施在滿足使用強度的前提下，採用生態、經濟的本地材料，且需透水防滑，並與周邊環境相協調。

b. 人行步道兼作自行車道，可利用舖面圖案、色彩、分隔線等作識別。

c. 若採不透水工法及無障礙步道舖面，應利於輪椅、輔具及幼兒手推車使用者行進，其材質應堅硬、平整及具防滑效能。排水坡度一併納入考量。

d. 行人穿越線可加強美學元素，但應簡單、明顯、具地域自明性，且其圖案、色彩切忌過於花俏複雜，以免行人穿越或車輛行經該處分散注意力。

e. 因地制宜，設置乾式生態滯洪池或生態池，以供保水、蓄水及水資源回收再利用。

f. 採用混凝土舖面，視步行或車行於適當距離留設伸縮縫，其縫隙須切割至底層，並加入填充物。

g. 色彩以材質本色為原則，如需塗裝則採用與環境融合之低彩度低亮度為宜。

h. 休憩平臺或棧道，如使用原木則須注意結構排水性，採架高型式施作，並留設無障礙坡道。

D. 無障礙通路：

a. 無障礙通路淨寬不得小於 1.5 m，如因局部路段空間受限時，不得小於 90 cm，最小淨高 2.1 m。

b. 無障礙通路縱坡度宜小於 5%，不宜大於 8.33%。

c. 無障礙通路淨寬不足 1.5 m 者，應於通路轉向處設置轉向平臺；並於適

當地點設置等待平臺，平臺長寬各 1.5 m 以上，平臺間距宜小於 60 m。

d. 無障礙通路之舖面須符合下列規定：

⒜表面宜維持平順，並採防滑材質。

⒝若採石材或磚材舖面，其接縫處均應勾縫處理，勾縫完成面應與舖面齊平。

e. 無障礙通路如無側牆且高於相鄰地面 20 cm 以上，應設置高度 5 cm 以上之防護緣；高於相鄰地面 75 cm 時，除防護緣外應加設安全護欄或護牆，總高度不得小於 1.1 m。

f. 無障礙通路上應避免設置排水溝進水格柵或蓋板。無法避免時，格柵長邊應與行進方向垂直，開孔短邊宜小於 1.3 cm；蓋板宜具止滑特性。

E. 路緣斜坡：路緣斜坡係指將人行道或交通島平順銜接至車道之平緩斜坡。其設置須符合下列規定：

a. 路緣斜坡應配合無障礙通路之動線與行人穿越道位置對齊，並平緩順接。

b. 路緣斜坡之淨寬不包括側坡之寬度宜大於 1.2 m。

c. 斜坡頂所連接之人行道或坡頂平臺，其橫坡度不得大於 5%。

d. 路緣斜坡之舖面材質應具止滑特性。

e. 路緣斜坡之坡度宜小於 8.33%；高低差小於 20 cm 者，其坡度得酌予放寬，並參照表 7-5 規定設置。

▌表 7-5　路緣斜坡坡度

高低差	坡度
20 cm 以下	10%（1：10）
5 cm 以下	20%（1：5）
3 cm 以下	50%（1：2）

F. 無障礙坡道：無障礙通路縱坡度超過 5% 者，應視為無障礙坡道，但不包括路緣斜坡。無障礙坡道之配置方式應符合規定。

a. 無障礙坡道淨寬以 2.5 m 以上為宜，供兩輛輪椅併行者最小淨寬為 1.5 m，如因局部路段空間受限時，不得小於 90 cm；坡道上方最小淨高為 2.1 m。

b. 無障礙坡道最大縱坡度為 8.33%，最大橫坡度為 2%。

c. 無障礙坡道長度限制依表 7-6 規定，超過限制長度者應設置緩衝平臺。

表 7-6　無障礙坡道長度限制

縱坡度（G）	斜坡限制長（水平投影方向）
6.25%（1：16）≦ G ≦ 8.33%（1：12）	9 m
5%（1：20）≦ G ≦ 6.25%（1：16）	12 m

d. 無障礙坡道需設置平臺的位置包括坡頂、坡底、轉向處及第 c 款規定所設之緩衝平臺。平臺最小縱向長度為 1.5 m，最小寬度不得小於坡道寬度。坡頂、坡底、轉向平臺寬度不得小於 1.5 m。平臺上方最小淨高為 2.1 m，平臺最大坡度為 2%。

e. 無障礙坡道兩側應設置連續之扶手，扶手端部須採防勾撞處理。採雙道扶手時，扶手上緣距地面高度分別為 65 cm 及 85 cm；採單道扶手時，高度為 75 ～ 85 cm。扶手若鄰近牆面則應與牆面保持 3 ～ 5 cm 淨距。扶手採圓形斷面時，外徑為 2.8 ～ 4 cm；採用其他斷面形狀，外緣周邊長 9 ～ 13 cm。

f. 無障礙坡道及平臺如無側牆，則應設置高度 5 cm 以上防護緣；舖面材質應具止滑特性。

G. 導盲設施：導盲設施主要包含整齊邊界線及警示帶，其相關規定如下：

a. 整齊邊界線：

⒜無障礙通路之一側或兩側應具備足供視障者依循前進之整齊邊界線。

⒝整齊邊界線宜採直線與直角設計，避免不易察覺之弧度，並保持完整與連續性。

⒞利用地面鋪材提供整齊邊界線時，其顏色、材質、觸感或敲擊聲必須與相鄰地面呈現明顯差異或對比，足供視障者辨識，據以導引前進。

b. 警示帶：

⒜園道外側高於相鄰地面，其銜接之出入口應設置警示帶，其寬度應與園道出入口相同；縱向深度 30 cm 以上。

⒝警示帶之顏色、觸感或敲擊聲應與鄰接地面有明顯對比，材質應具備堅實、穩固及止滑之特性。

H.標識設施：

　　a. 標識分為指示、解說、警示三種類型，具有引導、解說、安全告示等功能。

　　b. 標識設施包括標示牌和電子設備兩種。標示牌可分為方向牌、解說牌和安全標誌牌；電子設備可分為顯示幕、觸控式螢幕及 QR Code 等。

　　c. 標識牌宜結合自然、歷史、文化和民俗風情等在地特色，選用節能環保材料且應能明顯與道路交通及其他標識有所區別；其造型、材質及色彩應與周邊環境相協調。

　　d. 標識內容應力求清晰、簡潔，兼顧對不同園道使用類型之指引。同一地點設置兩種以上標識時，內容不應矛盾及重複。標示牌可合併設計安裝。

　　e. 標識分類設置詳見表 7-7。

表 7-7　標識分類設置參考表

標識類型	指示標識	解說標識	警示標識
內容	以文字加箭頭或圖片型式標明目的地之方向、距離，以及與現處位置之間的關係等。	以文字加圖片之型式解說。	用於標明可能存在的危險及園道管理之相關規定等。
位置	交通接駁點、驛站、園道交叉口等必須設置；其餘地點視需要設置。	針對節點進行解說；園道沿線視需要設置。	危險地點必須設置；其餘地點視需要設置。

I. 照明及網路設施：

　　a. 照明設施應根據周邊環境和夜間使用狀況，確定照度水準和照明方式，並應避免溢散光對行人、周圍環境及園道生態造成影響。

　　b. 位於都市之園道照度參照「市區道路及附屬工程設計規範、自行車道系統規劃設計參考手冊」：平均水準照度為園道中人行步道在商業區為 10 lux、住商混合區 6 lux、住宅區 2 lux；園道中自行車專用車道在商業區為 10 lux、住商混合區 7 lux、住宅區 2 lux；園道經過之公園 5 ～ 30 lux、園道中體健設施及兒童遊戲區 10 lux。

　　c. 供電設施應就近連接城鄉供配電系統，滿足園道內管理服務設施照明及休憩之用電需求。

> d. 避免手機信號盲點，確保通信暢通。必要時，應設置安全報警電話，配置完善的應急呼叫系統。
>
> e. 各類公用設施、通訊、有線電視、網際網路、電力之管線，以埋設於地下為原則。

J. 給水排水設施：

> a. 給水設施應就近連接都市給水管線系統，滿足園道內管理服務設施及花草樹木澆灌等用水需求。
>
> b. 澆灌用水應儘可能採用再生水、中水和雨水，或就地利用自然水體提供非飲用水；並採取節水澆灌方式。
>
> c. 位於都市之園道應將汙水就近排入全市汙水管線系統處理之。距離都市汙水管線系統較遠的郊區園道，建議布設汙水收集設施，並採用生態化方式處理；汙水經過濾後向外排放時，出水水質應符合相關排放標準。
>
> d. 園道規劃建設應與海綿型城市建設技術相結合，發揮園道滲、蓄、滯、用、排之功能。

8. 相關法規及參考標準

(1) 園道中路徑寬度：

- 內政部營建署，2018，都市人本交通規劃設計手冊（第二版）。
- 內政部營建署，市區道路及附屬工程設計規範（111.02 修正版），第五章腳踏車自行車道第 5.3 節、第六章人行道第 6.1 節。
- 交通部運輸研究所，自行車道系統規劃設計參考手冊（2017 修訂版），第 4.2.2 節自行車道寬度要求。
- 臺中市政府建設局，2021，臺中美樂地指引手冊。

(2) 園道中路徑坡度：

- 內政部營建署，市區道路及附屬工程設計規範（111.02 修正版），第五章腳踏車自行車道第 5.4 節、第六章人行道第 6.2 節、第十四章無障礙設施第 14.3 節。

(3) 園道照明：

- 交通部運輸研究所，自行車道系統規劃設計參考手冊（2017 修訂版），第 5.9 節自行車道照明。

- 交通部，2021.09，交通工程規範，規範解說第七章 C7.3.1 節、C7.3.4 規範行人穿越道照明。
- 內政部營建署，市區道路及附屬工程設計規範（111.02 修正版），第十九章道路照明第 19.2 節。
- CNS 總號 12112，類號 Z1044 之照度標準。
- 內政部營建署「市區道路及附屬工程設計規範」及交通部「交通工程規範」，對於市區道路、服務道路、人行道及公路系統之照明輝度及照度已有相關之規定。

⑷ 護欄、欄杆：
- 護欄設置依交通部訂定交通工程規範辦理。
- 欄杆設置依交通部訂定公路橋梁設計規範辦理。

⑸ 人行環境設施：
- 內政部營建署，2018，都市人本交通規劃設計手冊（第二版），第 4.1.5 節人行環境設施項目。

⑹ 無障礙設施：
- 內政部營建署，2018，都市人本交通規劃設計手冊（第二版）。
- 內政部營建署，市區道路及附屬工程設計規範（111.02 修正版），第十四章無障礙設施第 5.4 節、第 14.3 節之規範。
- 交通部運輸研究所，自行車道系統規劃設計參考手冊（2017 修訂版）第 4.4 節自行車道線形之規範。
- 內政部營建署，內政部主管活動場所無障礙設施設備設計標準，第三條及第四條。
- 內政部營建署，2018，都市人本交通規劃設計手冊（第二版），道路設計規範之無障礙坡道。

⑺ 維護管理措施：
- 交通部運輸研究所，自行車道系統規劃設計參考手冊（2017 修訂版），第八章自行車道計畫評估與維護管理措施第 8.2 節維護管理措施。

參考文獻

1. 王小璘，1987，林園大道 —— 都市中最富文化氣息和生命和諧的空間，文星雜誌，103:138-145。

2. 王小璘，1988，林園大道 —— 都市人性空間的再生，建築師，14(5):65-71。

3. 王小璘，1999，台中市東光興大休閒道設計的哲學思想 —— 爲文化城塑造一個「文化」的園道，造園季刊，30、31:15-24。

4. 王小璘、何友鋒，1999，公園綠地規劃設計準則研究，內政部營建署，p.186。

5. 王小璘、何友鋒，1999，景觀設施專業施工、監造制度研究，內政部營建署，p.380。

6. 內政部，2012，建築物無障礙設施設計規範（修訂版）。

7. 內政部，2015，內政部主管活動場所無障礙設施設備設計標準。

8. 內政部，2022，市區道路及附屬工程設計規範（111 年 02 月修訂版）。

9. 內政部營建署，2018，都市人本交通道路規劃設計手冊（第二版）。

10. 交通部，2020，公路景觀設計規範。

11. 交通部，2021，交通工程規範。

12. 交通部運輸研究所，2017，自行車道系統規劃設計參考手冊（修訂版）。

13. 桃園市政府，2016，樹木植栽設計施工手冊，公共工程委員會。

14. 臺中市政府建設局，2021，臺中美樂地指引手冊。

15. 綠道詞彙
https://terms.naer.edu.tw/detail/1319984/?index=1。

16. 經濟部，CNS 國家照度標準。

(三) 防災公園（Disaster-Prevention Park）

　　臺灣位處於活動斷層帶，依照我國國土防災計畫將災害分為地震、淹水及管線等三種，地震屬重大自然災害之一。1999 年發生芮氏 7.2 級的 921 大地震，導致南投地區部分中小學校舍全毀，大學生也不得不移地上課，是臺灣自八八風災之後的重大自然災害。反觀鄰近的日本，1995 年發生阪神淡路地震，強烈的地殼變動，導致道路錯移，鐵軌扭曲，橋梁斷裂。更不幸的是伴隨地震引起的火災，使得許多倉皇逃至公園避難的災民因園中樹木起火延燒，逃生不及而喪失寶貴生命。時隔多年，記憶猶新；2008 年四川汶川遭逢地震，甚至出現罕見的堰塞湖潟湖。多年來，臺灣大小地震仍不時發生，此一天災不可小覷，當引以為鑑。

　　公園綠地在地震災害時扮演著防災避難重要角色，如何妥善規劃減低災害，實為刻不容緩之重要課題。

▌ 1999 年臺中市大里區災民

▌ 2008 年四川省汶川縣災民

▌ 921 地震受損的霧峰林家花園

▌ 汶川地震受損的古蹟

1. 防災避難行為與區間關係

(1)第一避難階段（災害發生至災後半日內）：以面前道路為緊急避難地。

(2)第二避難階段（災後半日至二週內）：臨時安置，超過時則須進行短暫收容。

(3)第三避難階段（二至三週以上）：設法長期安置，或搭建臨時住宅。

作者（左）至大里災區現勘，背景為河中斷層瀑布

作者（右二）至汶川災區現勘，右側為崖壁落石中

2. 防災避難場所設置原則

(1)區位性：考量該地區內市區合理區位及其實質空間之現況。

(2)可及性：考量周邊地區至避難地區之到達程度，如出入口數量、型式與寬度等。

(3)有效性：考量避難場所分布之安全及收容能力。

　　最大收容人數＝公園面積 / 2 m² （每人所需空間）

(4)機能性：評估該地區能提供避難者避難活動程度或避難方式。指標為日間人口與夜間人口之比值或是有效開放空間（空地、公園、綠地）的計算。

921 地震時於光復國小設置醫療服務站

921 地震時設置的臨時沐浴站

3. 防災公園的定義

防災公園係指在都市災害發生時能發揮各種防災機能的公園；亦即地震發生時在一定時間內能提供有關人命救助、滅火活動、燃燒延遲及遮斷等防火措施，以及二次災害時能確保災民安全避難、生活保障、救援、復原及重建活動之公園。

法定定義：係指位於都市發展地區內，經都市計畫指定或依建築、道路建設取得之公園綠地或綠帶。

4. 防災公園的功能

⑴平時：

　A. 作為一般公園，提供休閒遊憩、景觀美質、節能減碳、生物棲地、生態跳島、汙染防制、教育解說等功能之場所。

　B. 作為防災測試及演練之場所。

⑵災時：

　A. 作為臨時及廣域避難場所。

　B. 防止及減輕災害、提高避難間之安全性。

　C. 資訊收集及傳達。

　D. 支援消防、救援、醫療及救護工作。

　E. 支援防疫及清潔工作。

　F. 支援各種運輸工作。

　G. 支援重建工作。

▌ 環教休憩場所一

▌ 環教休憩場所二

5. 防災公園系統建置

(1)全面性：

　　點：小型公園、廣場、公共停車場等。

　　線：園道、河濱、鐵道周邊、高架橋下、人行徒步區等。

　　面：大型公園、植物園、都會公園、風景區等。

(2)層級性：參酌日本公園綠地防災體系，考量我國公園綠地系統，研擬防災公園系統如下：

　A.鄰里規模—鄰里防災公園系統：

　　　主要機能：災害發生時，提供緊急避難場所。

　　　建議規模：1 ha 以下。

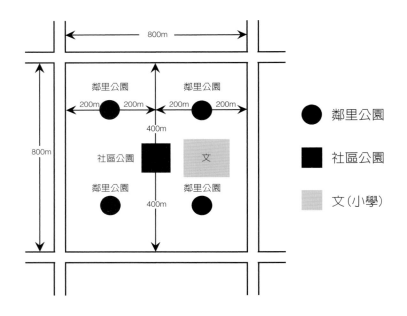

　B.社區及區域規模—區域防災公園系統：

　　　主要機能：災害發生時，提供三天以內的收容場所。

　　　建議規模：1 ～ 10 ha。面向淨寬 8 m 以上道路。

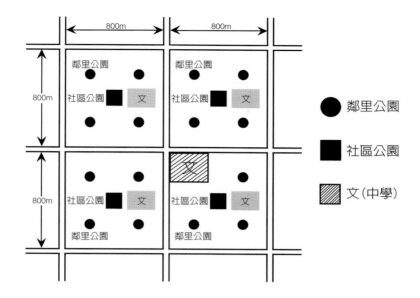

C. 都市及都會規模—都市及都會防災公園系統：

　　主要機能：災害發生時，提供三天以上的收容場所。

　　建議規模：10 ha 以上。面向淨寬 10 m 以上道路。

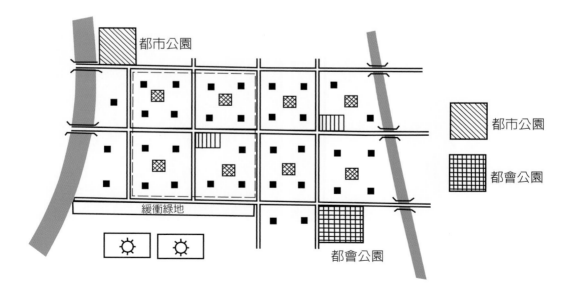

D.園道—城鄉園道系統：

主要機能：災害發生時，提供通往廣域避難場所之避難道路。

建議規模：寬度 20 m 以上。

興大園道
忠明園道
樹義園道
文心南園道
崇倫園道
五權園道
美術園道
經國園道
健行園道
雙十園道
東光園道
梅川園道
太原路園道

N

▌ 圖 7-3　原臺中市園道系統圖

▌ 臺中市東光園道平時作為人行步道及自行車道使用，921 地震時作為附近居民臨時避難場所

6. 防災公園設置原則

⑴公園應位於地質穩定區域，避免土石流、山崩、易淹水、斷層帶或土壤液
　化等潛勢區域。

⑵公園用地應避免爲垃圾掩埋或重金屬汙染區域，且未受汙染的土地。

⑶公園外部四周應有 8 m 以上之避難輔助道路，交通網路完備，具多處進出口。

⑷公園用地應鄰近消防、醫療、警察局等據點，以利即時提供相關支援及物資運送中繼等之需求。

⑸便於後續規劃避難設施，含自來水取水站、物資倉庫、臨時廁所、沐浴區、帳篷區、伙食區等。

7. 防災公園系統規劃

⑴全面性系統：含點（鄰里公園、廣場、……）、線（河濱、園道、……）、面（都市公園、都會公園、風景區、……），並擴大至鄉鎮地區。

⑵層級性系統：

　A.鄉鎮內設置具有防災功能的小型公園。

　B.市中心區設置大型公園作爲防災指揮中心。

　C.於市郊設置大型防災公園作爲災期居民的臨時住所。

　D.城市和城市及城鄉之間，以綠廊作爲防災網路的連結。

8. 防災公園系統實質計畫

⑴建立生態資料庫：

　A.研究調查耐火性、延燒性、生性強健之在地或已馴化之外來種植物。

　B.利用大數據，配合區域生態資源調查，建立完整的區域性生態資料庫，作爲規劃時之依據。

⑵防災公園系統規劃：

　A.由大尺度之城鄉計畫及市鎮規劃觀點，檢討現有城鄉土地利用之缺失；重整零散的城鄉土地、畸零地，以增加整體公園綠地及開放空間之面積。

　B.依土地使用現況，適度調整住宅區密度。

　C.防災公園須配合都市整體防災空間系統構建完整體系。

　D.防災機能的規模決定公園之面積大小和型態。

9. 防災公園應備設施

　　除一般公園（含園道）所需具備之自然（含植物、水域）及人工設施之外，尚須包括以下設施：

⑴鄰里防災公園廣場：

　A.防火緩衝及隔離綠帶。

　B.避難廣場、草坪及生態綠化
　　停車場。

　C.廣播或擴音設備。

　D.指示設施。

　E.緊急照明設備。

　F.消防供水設施。

　G.簡易衛生設備，如廁所、飲
　　水機、洗手台等。

　H.運動及休憩設施。

　I. 市民農園。

⑵社區及區域防災公園：

　A.防火緩衝及隔離綠帶。

　B.避難廣場、草坪及中型生態
　　綠化停車場。

　C.廣播或擴音設備。

　D.指示設施。

　E.緊急照明設備。

　F.消防蓄水設施。

　G.儲備倉庫。

　H.衛生設備。

　I. 運動及休憩設施。

　J. 市民農園。

⑶都市及都會公園：

　A.防火緩衝及隔離綠帶。

　B.避難廣場、草坪及大型生態
　　綠化停車場。

　C.直昇機停機坪。

　D.無人機設備。

　E.通訊及廣播設備。

▌市民農園

▌草坪

▌洗手台

F. 指示設施。

G. 緊急照明設備。

H. 消防蓄水設施。

I. 儲備倉庫。

J. 衛生設備。

K. 指揮中心。

L. 運動及休憩設施。

M. 市民農園。

(4)園道：

A. 防火緩衝及隔離綠帶。

B. 避難廣場、草坪及生態綠化停車場。

C. 廣播或擴音設備。

D. 指示設施。

E. 緊急照明設備。

F. 消防供水設施。

G. 簡易衛生設備，如廁所、洗手台等。

H. 運動及休憩設施。

I. 市民農園。

▌ 廁所

▌ 兒童遊戲場

10. 防災公園設計原則──四化設計

(1)功能化：

A. 舉凡公園廣場出入口、園道、外圍道路、開放空間或地下避難空間，均須能因應緊急狀況發生時的人潮、車輛等交通動線的暢通、安全和連續性；並使災民第一時間進入避難。

B. 各種水體相關設施，除應具有耐震性、確保水質的安全性和水量的充足性外，更應儲存足夠的水源以供各種用水之需。

C. 設置臨時廁所、廣播及通訊設備、標示及供電系統、照明設備等相關設施，以及儲備倉庫近指揮中心。

D. 管理中心隨時保持最佳支援能量。

E. 具備良好的直昇機起降空間及飛行軌道所需高度。

F. 災害應變時，藉由無人機的高機動性，即時性以及便利性，在基礎網路被破壞的災區裡，達成災區資訊即時傳輸，讓搶救人員可藉以搭建臨時空中無線中繼骨幹網路，與前進指揮所進行聯絡，以便指揮所快速掌握災情，並進行搶救。

⑵生態化：

A. 配合區域生態資源調查，建立完整的區域生態資料庫，作為規劃設計時之參考依據。

B. 以植栽設計達成淨化環境、節能減碳和防災避難之功能。

C. 建構景觀生態網絡，提升環境生態效益。

⑶人性化：

A. 有足夠的入口空間。

B. 廣場由入口即可通達，使災民第一時間進入避難。

C. 園道以線性配置，滿足人車流動順暢。

D. 考量各種不同年齡、性別的使用者日常生活基本需求。

E. 以動態景觀的生態思維，藉由生長中的樹木展現生命力，鼓舞受災民眾。

F. 透過社區總體營造，將公園綠地重建納入社區環境改造的一部分。

G. 藉由民眾參與方式，提升居民對社區環境價值的認知及對社區的認同感和向心力，進而發揮居民參與維護管理工作。

H. 以防災工作坊方式建構社區自主防災能力。

⑷產業化：將公園綠地視為分區園（allotment）的生產綠地，在整體規劃的前提下，將部分公園劃為數個分區園供災民種植蔬果，既可疏緩民眾生計上的負擔和壓力，又可作為療癒身心之一環。

11. 防災公園設計準則

⑴明確其在都市中所擔負之角色與任務。

⑵使其成為能夠活用之都市開放空間。

⑶確實掌握公園之立地條件及周邊之土地使用、道路及維生系統。

⑷為便於緊急避難和救援之需，公園周邊不設圍牆；必要時，以小土丘作為視覺上的分界，並將出入口規劃為無障礙空間。

⑸設置地下水槽提供緊急用水，並預留至少 6 m 寬之園內道路，以便物資補

給運送之用。

(6)以廣場和大草坪爲主要元素，平時作爲居民活動之用，災害發生時搭建臨時帳篷。

(7)避難廣場儘可能以草地及透水舖面爲地坪材料。

(8)公園及藍綠帶周邊種植適性植物，增加綠化量。

(9)善用植物防災機能：包括遮斷輻射熱、盾牌效果、減弱樹木周圍風的強度、抑制風的流竄及降低火灰掉落在避難廣場上之機會。

(10)以季節性植栽作爲地標植栽或誘導植栽，以撫慰災民心靈。

(11)以在地植物作爲基調樹種，少數性狀特殊，能彰顯地區特性者爲骨幹樹種，以景觀生態工程概念，加強生態綠化。

(12)園內設施須符合不同年齡層的民眾使用，使公園功能極大化。

(13)學校操場作爲緊急救援停機坪，使病情較爲嚴重的傷患或援助的物資，得以直昇機作有效運送，爭取救援時間。

(14)規劃公園附近的宮廟或里民活動中心室內空間（含地下室）作爲儲藏臨時緊急救災工具，以備不時之需。

臺灣第一座防災公園於 1999 年由作者設計監造，如今小樹都已長大成蔭

12. 植物的減災功能

(1)減輕火災災情：形成停燒線，具有遮斷火災延燒效果。

(2)延緩火勢蔓延：防火性樹種可防止因樹木所引起的火勢蔓延現象。

(3)遮斷輻射熱：樹冠可作爲盾牌，阻隔輻射熱。

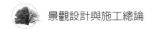

⑷盾牌效應使消防工作容易進行。

⑸減弱樹木周圍風的強度：防止火勢偏向一方，藉此使熱由上方發散，降低風面下側延燒的危險性。

⑹減少火災變動：抑制風的流竄而引起延燒的危險度。

⑺減少建築物等倒塌滑動：植物根系和較大的樹冠可防止住屋或圍牆倒塌造成二次傷害。

⑻減輕因物體掉落而造成災害：牆面綠化阻止瓦片或水泥崩落。

⑼確保避難道路順暢：行道樹形成緩衝帶，確保避難道路通暢。

⑽地標功能：作為房屋倒損、狀況混亂地區之標的物。

⑾支援避難生活：公園內的樹木成為帳篷和緊急時照明的支柱，發揮支援避難生活的功能。

⑿心理效果：公園綠地的樹木，特別是大型喬木，能使避難的災民獲得安全感，開花植物也發揮舒緩災民創傷心靈的作用。

▌震毀的霧峰林家花園殘存的植物成為災區生靈地標　▌植物根部阻擋大里國小校舍持續滑落

13. 防火植物的特性

⑴植物體主要由纖維素和木質素（lignim）組成；其中木質素化學結構屬於難分解與燃燒的物質，耐火性較高，抗火的擴展較為有效。

⑵纖維素含量與木質素有一定的比例。較少的纖維素含量表示有較多的木質素，木質素含量高的樹種作為防火樹種較為有利。

⑶熱值是指可燃物燃燒時釋放出的能量。含水率是指葉鮮重扣除絕乾後占絕

乾重的百分比。含水率越高，需要花費更高的熱值才能使水分揮發，因此較不易燃燒。一般而言，熱值越少，抗火性越佳；反之，含水率越高，抗火性能較強。

⑷樹種燃燒的難易程度與速度稱爲樹種的燃燒性。燃燒性與植物之物理化學性質息息相關，包括葉片含水率、葉片醇苯抽取物、葉片木質素、熱重量損失分析及葉部分解速率等。

⑸葉片成分含醇苯抽出物（phenethyl alcohol extraction）低，較不易燃燒且熱能釋放量小。

⑹葉片熱重量失重率越低，表示能承受溫度越高。

⑺防火植物因所含可燃物的熱值、脂量和油量較低，樹冠結構緊密、樹葉含水率高，表皮質厚、少蠟，因而具有抗火燒的功能，並可有效防止火災蔓延。

⑻植物的耐熱性和隔熱性能常因樹種、樹形、葉片密度以及種植方法等不同而有差異。如樹形較均勻一致的珊瑚樹，可阻擋輻射熱量的 83% ～ 93%。樹葉密度較一致的檜樹，一株可阻擋 90% 的輻射熱通過，三株並列則可阻擋 95% 以上。

⑼樹冠結構連續構成林帶，鬱閉後可以減少下層易燃草類生長，或使林帶氣溫較低，地表蒸發少，形成濕度較高的微氣候環境，有利遏止林火的發生與蔓延。

⑽樹冠濃密，枯落物分解速率快，適應性較強。

⑾常綠闊葉植物，其耐火、隔熱性好，爲一級防火植物。落葉闊葉植物其耐火隔熱性能次之，爲二級防火植物；針葉植物，其耐火隔熱性能較差，爲三級防火植物。

⑿防火植物除了耐火隔熱之外，還能保護環境，保持水土、涵養水源和景觀價值等，是一項戰略工程。

14. 防火林帶植物選擇與種植

⑴植物選擇：

A.樹種的抗火性主要表現在皮厚、葉厚、呈蠟質、枝葉茂密、材質結構緊密，甚至堅硬、樹體油脂少、含水率大、萌生能力強、根部分蘗力強、著火時不會產生火焰等。

B.參照立地條件選取良種壯苗，適地適種。

C.選擇防火樹種除考量其遇到火苗時不易被點燃，或在過火後能夠很快恢復生長，還應考慮到樹種的適應性強、生長快、種源豐富、栽植容易、成活率高等植物特性。

D.為減少落葉枯草造成延燒，儘可能採用常綠地被植物。

E.為撫平避難者之傷痛，選擇美觀的植物有其必要性。

F. 有條件時可選用多年生大苗，以縮短鬱閉年限，儘快形成閉合網路。

⑵植物種植：

A.種於公園外圍以保護內部避難場所。

B.對木造密集地區或工場周圍應加強重點式配置。

C.植栽帶與周邊街區應保持一定距離，以免樹冠受到火勢包圍而燃燒，造成二次災害。

D.以混交林為佳，做到各種樹種合理布局，形成多層次混交之防火林帶。

E.在防火重點地段最好採用喬灌結合的複層林或闊葉喬木混交林。

F. 提高植栽帶的隔閡性，以有效遮斷輻射熱。

G.依照火熱面、避難廣場及植栽帶間之相對位置，決定樹高及高中低植物之構成。

H.留出適當的空隙，以防止背後火灰飛入產生亂流。

I. 為便於避難時可通過植栽帶直達避難廣場，有必要保留一定的通行空間。

J. 植栽帶須保持透視度及亮度。

K.以最大級的火災而言，一般認為 50 ～ 100 m 之植栽帶有其必要性。

15. 防火植物種類

日本於阪神地震後即投入大量人力財力進行有系統的防火植物基礎調查及試驗，並取得豐碩研究的成果。為借鑒其防災經驗，作者（時任中華民國造園學會理事長）乃於 921 地震之後，邀請日方專家學者來台參訪交流，並舉辦兩場學術研討會。

▌中日防災國際研討會一（臺中場）　　　▌中日防災國際研討會二（臺北場）

　　臺灣防火植物種類多散見於研究試驗報告及植物圖鑑；其中，試驗報告以行政院農委會林務局執行之防火樹種系列研究計畫爲主，其目的係以提供森林防火與阻火之林帶選種爲主要目的。該資料係由科學實證所得結果，值得參採。其次爲專家學者以文獻蒐集分析之研究報告及專題論著。

　　是以，本單元乃針對上述試驗及研究報告資料，經由複合交叉比對，選擇出現次數較多之種類，並與諸多植物圖鑑之防火植物對照驗證，同時考量其景觀功能、苗圃可供應面及市場需求面，經綜整後提出適合臺灣及亞熱帶地區適用的防火植物，包含喬木、灌木、蔓藤及草本植物，以供參考。（植物種類可參考「總論 08 各類環境景觀植物種類，表 8-1 防火植物種類一覽表」）

16. 防災公園經營管理維護

⑴與當地民眾充分溝通，納入參與式經營和管理維護工作。

⑵由公園管理執行單位進行整體統籌管理，平時訓練居民進行防災演練，使民眾熟練避難路線。

⑶建立消防、上下水道和警察等相關部門與居民合作管道。

⑷加強對民眾防災意識和重建工作的宣導。

⑸防災相關設施定期維護點檢。

⑹災害緊急手冊之製作與發放，配合加強資訊網之研究與設施增設及利用，結合 AI 技術，將資訊有效傳達給民眾。

⑺配合改善城鄉風貌及社區總體營造決定設計需求，鼓勵災區居民參與公園建設和管理維護，進而達致群體療傷的功能。

⑻災後重建的具體行動；包括災民輔導、產業振興及社區總體營造等。

⑼制定長期地方創生輔導計畫，協助災民重振家園、振興地方產業。

⑽製訂防災公園檢核表（表 7-8）。

▊ 透過社區總體營造居民利用海廢美化環境

▊ 民眾動手做營造社區地方特色

▊ 表 7-8　防災公園檢核表（以臺北市為例）

○○○年臺北市○○區防災公園（○○公園）檢核表						
查核人員：				查核日期：		
項次	查核項目	查核內容	內容要求	查核結果	查核建議	備註
1	防災公園緊急開設應變作業計畫（公園處）	修訂「防災公園緊急開設應變作業計畫」	功能是否符合	☐ 符合 ☐ 不符合		
2	防災公園接管作業執行計畫（區公所）	修訂「防災公園接管作業執行計畫」	功能是否符合	☐ 符合 ☐ 不符合		
3	防災公園設施架設（公園處）	公園避難設施（空間）架設	功能是否符合	☐ 符合 ☐ 不符合		依避難設施配置圖設置
4	收容安置設備（用品）（公園處）	盤點防災用品倉庫物資數量、功能	數量是否符合	☐ 符合 ☐ 不符合		依附件7：臺北市防災公園收容安置設備（用品）配置清單
			功能是否符合	☐ 符合 ☐ 不符合		
5	救濟物資（區公所）	礦泉水	數量是否符合	☐ 符合 ☐ 不符合		
			功能是否符合	☐ 符合 ☐ 不符合		

		特殊需求物資（含嬰兒奶粉、奶瓶、衛生棉、嬰兒尿布、成人尿布）	數量是否符合	☐ 符合 ☐ 不符合		
			功能是否符合	☐ 符合 ☐ 不符合		
		運動服	數量是否符合	☐ 符合 ☐ 不符合		
			功能是否符合	☐ 符合 ☐ 不符合		
		盥洗包（含盥洗備品、臉盆、拖鞋、毛巾、杯子）	數量是否符合	☐ 符合 ☐ 不符合		
			功能是否符合	☐ 符合 ☐ 不符合		
		免洗內褲	數量是否符合	☐ 符合 ☐ 不符合		
			功能是否符合	☐ 符合 ☐ 不符合		
		睡袋及輕便被毯	數量是否符合	☐ 符合 ☐ 不符合		
			功能是否符合	☐ 符合 ☐ 不符合		
		6 人防水帳蓬含睡墊	數量是否符合	☐ 符合 ☐ 不符合		
			功能是否符合	☐ 符合 ☐ 不符合		
6	資源管理（區公所）	衛福部重大災害民生物資及志工人力整合網路平臺管理系統資料更新	數量是否符合	☐ 符合 ☐ 不符合		
7	資源管理（社會局）	衛福部重大災害民生物資及志工人力整合網路平臺管理系統資料更新	數量是否符合	☐ 符合 ☐ 不符合		
8	醫護站準備工作（衛生局）	防災公園醫療設備檢查表（自主檢查資料）	數量是否符合	☐ 符合 ☐ 不符合		
			功能是否符合	☐ 符合 ☐ 不符合		
9	收容所災民衛生保健（衛生局）	緊急安置所災民健康狀況暨日誌表	功能是否符合	☐ 符合 ☐ 不符合		
10	道路指示標誌（交工處）	防災公園指示標誌	數量是否符合	☐ 符合 ☐ 不符合		
			功能是否符合	☐ 符合 ☐ 不符合		

11	周邊消防設施 （消防局）	消防栓檢查	數量 是否符合	☐ 符合 ☐ 不符合	
			功能 是否符合	☐ 符合 ☐ 不符合	
12	災時用水規劃 （北水處）	緊急維生給水計畫（含支援送水計畫）	功能 是否符合	☐ 符合 ☐ 不符合	
		取水動線規劃	功能 是否符合	☐ 符合 ☐ 不符合	
		維生貯水槽	功能 是否符合	☐ 符合 ☐ 不符合	
		防災地下水井	功能 是否符合	☐ 符合 ☐ 不符合	
13	臨時廁所 （環保局）	修訂「臨時廁所設置計畫」，並依計畫設置	功能 是否符合	☐ 符合 ☐ 不符合	
14	開設測試 （區公所）	指定開設測試項目全開設	是否符合	☐ 符合 ☐ 不符合	
15	宣導活動 （區公所）	防災公園宣導	是否符合	☐ 符合 ☐ 不符合	
16	聯合服務中心 （區公所）	稅務服務	功能 是否符合	☐ 符合 ☐ 不符合	另視需求設置健保、地政、通譯、電話上網通訊或地震保險基金等服務
		戶政服務	功能 是否符合	☐ 符合 ☐ 不符合	
		社福團體	功能 是否符合	☐ 符合 ☐ 不符合	
17	警力治安維護 （警察局）	警力治安維護	功能 是否符合	☐ 符合 ☐ 不符合	
18	動物收容區 （動保處）	動物收容設置流程	功能 是否符合	☐ 符合 ☐ 不符合	

17. 相關法規及參考標準

⑴災害防救法（內政部，2019）：為健全災害防救體制，強化災害防救功能，以確保人民生命、身體、財產之安全及國土之保全，特制定本法。

⑵臺北市防災公園規劃運作計畫（臺北市政府，2021.04.19）：本計畫依據災害防救法地區災害防救計畫：指由直轄市、縣（市）及鄉（鎮、市）災害防救會報核定之直轄市、縣（市）及鄉（鎮、市）災害防救計畫辦法。

⑶防災公園規劃操作手冊（桃園市政府，2012）：本操作手冊提出防災公園規劃的四大階段，首先從評估區位選擇開始，藉由簡易評估表對既有公園之

適宜性進行評估；透過第一階段評估後，才進入到後續需求性評估三階段（包含：空間規劃、設施整備、管理機制等），最後產出防災公園空間設施配置圖。

⑷臺中市防災公園規劃操作指引（臺中市政府，2021.12.21）：本操作指引依據災害防救法及臺中市地區災害防救計畫。

⑸臺南市政府推動設置防災公園實施計畫（臺南市政府，2014.09.04）：為設置防災公園以防止地震發生後二次危害，特訂定本計畫。

參考文獻

1. 王小璘，2008，台灣 1999 年大地震後綠地重建規劃設計，中國災後城市防災綠地再建規劃設計國際研討會，中國四川。

2. 王小璘，2008，由減災避難觀點探討防災公園綠地系統之構建與規劃設計，全國中小城市園林綠化研討會，中國河南。

3. 王小璘、何友鋒，2009，由台灣 921 地震談公園綠地規劃設計的新思維，風景園林，中國風景園林學會，7(1):85-89。

4. 內政部，2019，災害防救法。

5. 內政部建研所，2008，都市防災空間系統避難據點區位評估與最佳化配置。

6. 木村悅之，1999，防災公園設施，中日公園綠地防災技術學術研討會，中華民國造園學會。

7. 中興大學森林學系，2021，台灣中部中高海拔地區防火樹種之篩選及葉部分解速率之研究，農委會林務局委託研究計畫。

8. 石渡榮一，1999，防災公園之規劃與設計，中日公園綠地防災技術學術研討會，中華民國造園學會。

9. 服部明世，2000，都市公園與防災，九二一地震災後公園綠地與社區重建國際研討會，中華民國造園學會。

10. 林朝欽，2010，種樹防火與阻火──森林防火林帶，林業試驗所森林保護組，林業研究專訊，Vol.17:40-44。

11. 桃園市政府，2012，防災公園規劃操作手冊。

12. 財團法人台灣營建研究院，2018，公共工程常用植栽手冊（Vol.06）。

13. 陳啟源，2016，防火樹種選擇試驗，林務局東勢林區管理處。

14. 黃敏展，1986，台灣花卉彩色圖鑑，行政院農業委員會。

15. 臺中市政府，2021，臺中市防災公園規劃操作指引。

16. 臺中市政府，2021，臺中市國土計畫。

17. 臺北市政府，2021，臺北市防災公園規劃運作計畫。

18. 臺南市政府，2014，臺南市政府推動設置防災公園實施計畫。

19. 齊藤庸平，1999，防火植栽，中日公園綠地防災技術學術研討會，中華民國造園學會。

20. 農林漁牧網，對抗森林火災，怎樣的樹種最合適？
https://nonglinyumu.com/forestry/459953.html。

(四) 景觀生態屋頂花園 (Eco-Landscape Rooftop Garden)

1. 屋頂花園之種類型式與環境特性

⑴種類型式：

A.依基本類型來分：

a. 草坪式：又稱薄層綠屋頂；係採用抗逆性強的草本植被平鋪栽植於屋頂綠化結構層上，覆土深度＜ 20 cm。其特色為低養護及少澆灌。可用於屋頂承重較低（載重約為 60 ～ 200 kg/m²）、平屋頂及屋頂坡度＜ 45° 度的建築物、面積較小且重量輕，適用範圍廣，是屋頂綠化中最簡單的一種型式。

主要功能為降低室內溫度、減緩熱島效應、增加生物多樣性、快速增加都市綠化面積、符合永續環保概念。

b. 盆景式：屋頂上除了盆景之外，不設任何固定設施。其特色為經濟又可隨時變換位置，且土壤和植物直接置於盆景中，故無覆土問題。惟盆景置放位置應分散屋頂面層，以免有屋頂載重安全疑慮。

主要功能係作為休閒活動空間，既可觀賞又有可食及療癒功效。

c. 植槽式：布建造型簡單之固定式植栽槽，可以界定動線和活動空間，屬於非全面綠化使用之型式。工法簡單、建設成本中等，較符合既有老建築物使用。適用於屋頂坡度＜ 10° 的建築物。常用植物有香草療癒植物、觀葉植物、香料植物及氣根型植物。

主要功能為具療癒效果、有休憩活動空間、具經濟生產效益。

d. 庭園式：使用較多樣的造景設施，型式較多樣。景觀設施包括花架、座椅、水景、大型陽傘、舖面及植物。植被種類可選擇各種植物，甚至高大的喬木類。一般載重為 150 ～ 100 kg/m²，因此對建築屋頂荷載的要求較高，適用於屋頂坡＜ 10° 的建築物。

主要功能為減緩熱島效應、雨水滯留貯留、增加生物多樣性、休憩活動兼具觀賞及療癒之功能。

B.依功能類型來分：

a. 公共遊憩型：此類型除了綠化效益之外，主要功能是提供居住和在該建築物內工作的人們室外活動的休憩場所。

b. 營利型：此類型係星級的飯店和旅館，為客戶增設休閒遊憩環境，提

供夜生活場所，開辦露天舞台、茶會，並招募遊客、獲取經濟利益爲宗旨。因此，一般設備複雜、功能多、投資大、檔次高。

c. 生態型：此類型風格較粗放，讓人們有接近自然的感受。選用植物高度約 6～20 cm，重量爲 660～200 kg/m²；一般爲景天科及苔蘚類植物。這類植物具有抗乾旱、生命力強的特點，且顏色豐富鮮豔，綠化效果顯著，具有低養護及少澆灌的特性。

d. 家庭型：此類型多於階梯式住宅和別墅式住宅區，在自家陽臺上建造小型花園。一般僅以養花、種植蔬果及觀賞植物爲主。

e. 科研型：此類型以科學研究、生產、栽培試驗爲主要目的，通常會設置試驗所需的設備及器材，屬高維護型的屋頂花園。

(2)環境特性：

A. 缺乏土壤。

B. 缺乏地下水。

C. 缺少養分。

D. 土層較淺，缺乏固著力。

E. 土層溫度變化大。

F. 反射熱較地面高。

G. 水泥板結構有滲水之虞。

H. 風力較地面強。

I. 地形單調，出入口通常受到限制。

J. 視野較一般地面的庭園開闊。

2. 景觀生態屋頂花園建置構想

本類型屋頂花園係庭園式屋頂花園之再進化。本花園目前因配合校舍擴建而拆除，惟其設計構想和效益可作爲建置都市屋頂花園之參考。設計構想緣自以下邏輯思維。

(1)全球環境議題之省思：

A. 自工業革命以來，人類造成的自然環境變化，已由局部性、跨域性乃至全球性；臭氧層不斷擴大、極地冰帽相繼消失，導致海平面急速上升、農作物生產和生態產生變化，降雨量分布不均等環境問題。以臺灣爲例，在 1990～2050 年間，冬季總雨量將減少 5～10%，夏季總雨量將增加 5～

10%。

B. 全球都市人口於 1800 年約占全球總人口數之 3%、1850 年（6.4%）、
1900 年（13.4%）、1950 年（28.6%）、1980 年（40%），至二十世紀之
英國（75%），美國（50%）；預計至 2030 年世界人口約 72%、2050 年
超過六十億人口數將居住於都市地區。由表 7-9 可知全球各大洲都市總
數，亦有增無減。都市化的結果導致與郊區比較，都市年平均溫度大於
郊區 0.5 ～ 1℃，最低溫度大於 1 ～ 2℃；氣體混合汙染物大於 2 ～ 25 倍；
風暴於最大風暴時小於 10 ～ 20%，平靜時則大於 5 ～ 20%。

▌ 表 7-9　全球各大洲都市總數

	1950	1960	1970	1980	1990	2000	2010	2025
全球都市總數	733	1030	1374	1770	2260	2917	3737	5119
較發達地區	448	517	699	798	876	945	1004	1068
較不發達地區	285	459	675	972	1385	1972	2733	4051
非洲	33	51	83	135	223	361	552	914
拉丁美洲	69	107	163	237	324	417	509	645
亞洲	226	359	503	688	931	1292	1772	2589
歐洲	221	259	307	340	364	387	405	422
大洋洲	8	10	14	16	19	21	24	29
前蘇聯地區	71	105	138	167	195	217	237	260

C. 全球關注環境議題，相繼召開高峰會議並簽下共同遵守之公約和議定
書，包括有關氟氯碳化物之蒙特婁議定書（1987）、有害廢棄物之巴塞
爾公約（1992）、保護生物多樣性之生物多樣性（1992）、CO_2 之氣候
變化綱要公約（1994）、溫室氣體之京都議定書（1997）、有毒化學品
和除害劑之鹿特丹公約（1998）、持久性有機汙染物之斯德哥爾摩公約
（2004）、2005 年京都議定書生效、溫室氣體之哥本哈根後京都議定書
（2009）、生溫控制之坎昆氣候會議（2010）、啟動綠色氣候基金（GCF）
之南非德班氣候會議（2011）、共商後京都時期減量責任與氣候變遷因應
對策之卡達多哈氣候會議（2012）、提交各國減量貢獻期限之波蘭華沙
會議（2013）、落實「華沙國際損失與賠償機制」之秘魯利馬氣候會議
（2014）、法國巴黎召開聯合國氣候高峰會（2015）、聚焦巴黎協定各國
氣體減量目標承諾及落實之摩洛哥馬拉喀什會議（2016）、持續推動巴

黎協議目標之德國波昂會議（2017）、盤點 2020 年前氣候行動落實情況之波蘭卡托維茨會議（2018）、提出對抗氣候變遷新承諾之西班牙馬德里會議（2019）；2020 年因新冠疫情肆虐，聯合國氣候變遷會議延後一年舉行，首次明確計劃減少煤炭用量之格拉斯哥氣候協議（2021）、COP（締約方大會）決議促使各國履行承諾，實現巴黎協定目標，以及建立「損失與損害」補償機制之埃及夏姆錫克會議（2022）、2023 年氣候變遷會議於杜拜舉行，此會議同意啟動「損失與損害」基金，支援遭受全球暖化衝擊的國家，同時盤點 2015 年締結的《巴黎協定》進展情況（圖 7-4）。

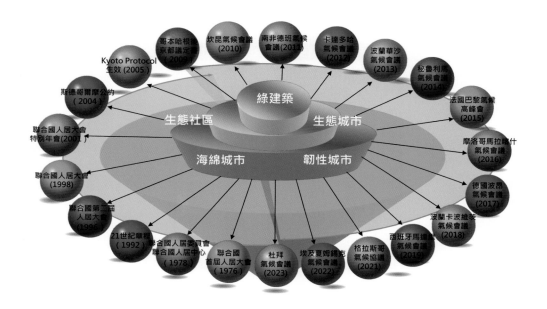

▌圖 7-4　全球關注環境議題

⑵荷蘭國家生態網絡之借鑒：

A.「Natura 2000」是歐洲將眾多自然保護區連結為網絡的一項計畫，在其諸議題中，棲地準則第 10 款特別討論到在歐洲自然環境中改善空間連結的作法，期望建立「空間上的連貫網絡」。一旦被納入 Natura 2000，保護區之間的空間連結，則必須被檢視是否足以維持生物多樣性。

B. 荷蘭是歐洲許多鳥類遷徙路徑的中繼站，這些自然區域對鳥類保護而言，提供基本且不可或缺的連結。然而，土地利用形式的重大改變，導致荷蘭自然環境品質惡化問題日趨嚴重。其結果是土地酸化、土壤過度施肥、

水資源枯竭和土壤汙染等問題，造成自然環境遭到破壞並呈現破碎化樣態。尤其許多自然區域已缺乏緊密連結，動植物棲地面積縮小，棲地之間相距遙遠，並因公路、鐵路與水路的切割，導致棲地呈現孤島效應。更嚴重的是，小型棲地受邊際效應影響，而加深了棲地品質惡化。

C. 為了串接既有與新設的自然保護區，荷蘭農業部乃於2006年提出「國家生態網絡」計畫（圖7-5）；其目標在於達成「國家與國際間重要生態系之永續保存、復育與發展」，以提升自然區域的承載力，增加自然區域數量並改善自然棲地品質，同時促進自然區域之連結性。該國家生態網絡即將「跳島」（stepping stones）視為串聯連結帶的重要因素之一，俾各核心區之間的區帶能提供植物族群遷移擴散和交流機會。

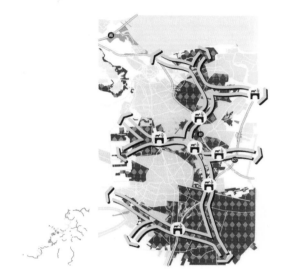

圖7-5 荷蘭國家生態網絡圖
資料來源：荷蘭駐臺文化辦事處宣傳摺頁，1996。

D. 此發展方向在 1992 年的環境與發展世界委員會報告（Brundtland Report）及聯合國地球高峰會（The Earth Summit）報告（Agenda 21）第七章中表明「推動永續性人類安居環境之發展」（Promoting Sustainable Human Settlement Development）；其中第一條即為「推動永續土地使用規劃及管理」，亦即未來都市的發展必須考量都市環境的生態平衡。

3. 景觀生態屋頂花園之角色定位

(1) 都市生態網絡：

A. 都市環境是一個生態系，因此，都市發展應有健全的生態結構。所謂「生態平衡」意味著一個環境之永續發展；以都市環境而言，要想達到都市的永續發展，必須從都市生態的角度著手。

B. 網絡是由環境中各類廊道與節點所形成之架構，在整體環境中，各景觀

構成組份間之交互作用，必須透過網路產生能量、物質和物種之流動與交換，使整體環境組成一個完整的有機體。網絡的建立不但使都市生態系更加健全，並使都市環境有多樣之機制，且可避免不當的公園和畸零地之產生；透過健全整個都市生態網絡的完整性，使都市生態環境得以達到平衡。

C. 都市生態網絡串連著人、自然和空間。

D. 都市應有一個自然存在之網絡組織。

(2)景觀生態網絡（Landscape Eco-Network）：

A. 健全的景觀生態環境應涵括「基質」（matrix）、「嵌塊體」（patch）與「廊道」（corridor）三種基本元素，並藉由「跳島」（stepping stones）串聯，構成完整的「景觀生態網絡」。

B.「基質」是相對面積高於景觀中其他任何嵌塊體類型之要素，是景觀中最連續的部分。其連結度最完善且物流與能流作用產生頻繁，並成為景觀背景（圖 7-6）。

▌ 圖 7-6　都市中的基質

C.「嵌塊體」是景觀空間尺度上所能見到的最小基本均質單元，在外觀上與性質上不同於周圍環境的非線形地表區域（圖 7-7）。

D.「廊道」係指不同於其周邊基質的帶狀或狹長空間，它扮演著連結及分隔的角色，因此，具備棲地（habitat）、通道（conduit）、阻隔（barrier）、過濾（filter）、資源（source）及導入（sink）等基本功能，對於流通和遷徙有其實質之助益（圖 7-8）。

圖 7-7　都市中的嵌塊體

圖 7-8　都市廊道及生態跳島

E.「跳島」係指小型嵌塊體，在廊道或沒有廊道之間擔任起連接的功能，可提供內部物種在嵌塊體間之活動（圖 7-9）。

(3)都市景觀生態網絡：

A.人為建物是構成都市環境的基質（圖 7-6）。

B.都市景觀中的嵌塊體，主要是指各不同功能分區之間呈連續島狀鑲嵌分布的格局。最明顯的嵌塊體是都市中的公園（圖 7-7）、小片林地等。由於綠化較好，外觀上明顯不同於周圍建築物密集之其他區域。其主要功能是作為生物的棲地、資源（源）和導入（匯），其邊緣有時亦具有屏障和通道的功能。

C.園道、行道樹及河川為都市中主要的生態廊道（圖 7-8）。

D.此三項景觀生態元素無論在區位及相關影響因子，對建構都市生態網路皆具有舉足輕重之作用。

(4)屋頂花園生態跳島之角色定位：

A.都市之發展中，諸多人為設施建設如公路、鐵路、建物，已加速都市的

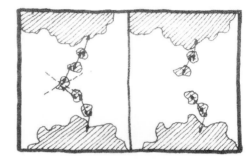

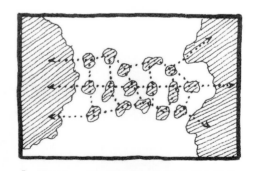

圖 7-9　「生態跳島」提供物種在嵌塊體間活動
資料來源：林信輝、張俊彥，2005，景觀生態與植生工程規劃設計。

破碎化和環境惡化。

B.都市僅存的自然區域常因人們休閒遊憩之用和建設開發之衡量缺失，使其被過度使用。

C.開發後剩餘的殘餘嵌塊體（remnant patches）和廊道則多以「人」為設計之主要因子，對生物物種之遷移與繁衍較少考量。

D.此時，呈現連串排列形狀的「生態跳島」（stepping stone）在廊道之間便擔任起連接之功能，提供內部物種在嵌塊體間活動（圖7-9）。

E.都市中建物屋頂若予以生態綠化，與公園綠地在都市環境中同樣具有生態跳島之功能，可作為生物物種散播過程中繼站，並能促進生物之棲息和遷移，強化都市生態網絡的功能（圖7-10）。

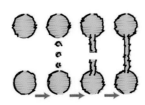

▌ 圖7-10　都市中建物屋頂之生態綠化，可具有生態跳島功能

4. 景觀生態屋頂花園設計準則

⑴屋頂綠化基本構成（圖7-11）：

A.植栽層：植物選擇是屋頂綠化成敗之重要因素。為了防止屋頂介質被風力和雨水等環境所侵蝕，快速形成植被覆蓋便顯得十分重要；且在選擇植物

種類時必須符合耐極端氣候、易移植、耐修剪、生長緩慢及生長特性和觀賞價值相對穩定等原則。一般以草坪、地被植物和攀緣植物、灌木等為主，而藉由適當的設計和樹種選擇，可加入小型喬木，並予複層栽植。

B. 土壤層（含介質）：土壤層應盡量做到適合植物生育的最低需求。且依綠化植物種類及土方堆置位置作適度調整。若土層過厚，則需考慮載重問題。介質組成對屋頂植物種類選擇有很大的影響，理想的介質兼具質輕、保水、通氣、保肥及穩定不易分解之特性。

C. 過濾層：主要功能在於水份流過時濾除土沙，使水過土不過，將小顆粒、腐植質和有機物留在上方，以防止土沙進入排水層，阻塞排水通道，並使其可作為植物的養分。

D. 蓄排水層：其功能是將過濾層流下來的水順利排除，避免綠屋頂表面逕流及積水。常見排水層材料為塑膠或聚苯乙烯排水板、發泡黑曜岩等。

E. 阻根層：位於防水層之上，部分工法則與防水層結合，目的是防止植物根系直接與防水層接觸，以免防水層被根酸腐蝕，使結構被根系竄伸而生裂縫，造成屋頂漏水。

F. 防水層：包含瀝青、瀝青捲材或任何其他有機物質等，可選用剛性防水、柔性防水或塗膜防水三種不同材料方法，以設置二道或二道以上防水層為宜，最上道防水層必須採用阻根防水材料，並與防水層的材料相容。

G. 屋頂結構層：屋頂樓版結構。

1. 植栽層
2. 土壤層（含介質）
3. 過濾層
4. 蓄排水層
5. 阻根層
6. 防水層
7. 屋頂結構層

▍ 圖 7-11　屋頂綠化基本構成圖

⑵景觀生態屋頂綠化設計原則：

　A.空間布局：屋頂面積較小，可藉由「陰陽虛實」、「曲折盡緻」手法，
　　　達到擴展空間、延長動線之效果（圖 7-12、圖 7-13）。

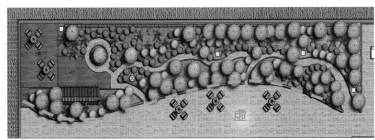

▌圖 7-12　陰陽虛實 空間布局

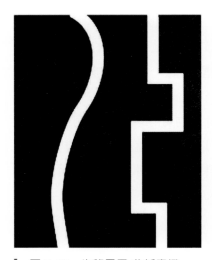

▌圖 7-13　步移景異 曲折盡緻

　B.視覺規劃：採用借景、障景、點景、組景等手法，創造不同功能和性質
　　　之視覺景觀（圖 7-14）。

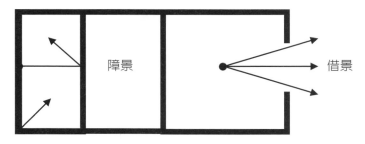

▌圖 7-14　「障景」～俗則蔽之；「借景」～佳則收之

C.節能系統設計：藉由太陽能及雨水收集循環再利用，達到節能效果（圖7-15）。

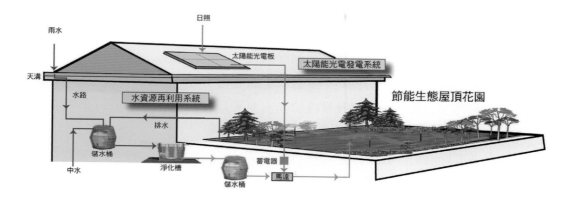

圖 7-15　節能系統圖

D.新建住宅活載重量 ≧ 300 kg/m²。

E.舊有公寓住宅，其土方和綠化材料得 ≦ 150 kg/m²。

F. 充分利用植物、地形、水景、設施小品等營造不同功能的景觀。

G.結合建築技術和生態綠化，提升屋頂花園在都市生態跳島之功能與效益，增加都市立體綠色空間。

H.較重的構造物應設置於承載力較高之梁柱上。

⑶設計準則：藉由植物選種與配置，節能設施與材料使用及人工地盤生態工法，達致低維護、低耗能、高生態機能之多重效益（圖7-16）。

A. 準則一：植物選種

a. 耐旱的小喬木、矮灌木和草本植物。

b. 好陽性、耐瘠薄之植物。

c. 耐風、不易倒伏之植物。

d. 耐寒性強、冬季能露地越冬之植物。

e. 抗病蟲害力高、生性強健之植物。

f. 誘蝶誘鳥植物。

g. 在地植物或已馴化之外來種植物。

h. 栽植容易、耐修剪、生長緩慢之植物。

i. 避免種植有害樹種。

（植物種類可參考「總論 09 各類有害植物種類」）

B. 準則二：植栽配置

    a. 採用物種多樣性原則，促進植物族群之穩定性。

    b. 以多層次雜生混種方式，提高棲地多樣性和生態穩定性。

    c. 受限於屋頂載荷，喬木數量不宜太多。

    d. 灌木、地被植物和草皮的範圍應較大。

    e. 配置時注意植物的色彩、姿態和季節變化。

    f. 蔓藤類以觀花、觀果及常綠植物為主。

C. 準則三：設施設置及選材

    a. 多孔隙設施，以增加生物棲息場所。

    b. 採用可回收性之環保材料。

D. 準則四：土壤選擇

    a. 應儘量採用輕質材料，以減少屋面載荷。

    b. 常用基質為培養土。

    c. 搭配其他介質使用，以增加土壤保水性、保肥力、排水性、通氣性、微生物棲息等。

E. 準則五：介質選擇

    a. 為了改良土壤物理性質，可適當加入介質。

    b. 介質可選用輕質、疏鬆、透氣材料。

    c. 常用介質有蛭石、木屑、珍珠石、發泡煉石（又稱矽石）、炭化稻殼、水苔、蛇木等。

F. 準則六：生態工法應用

於考量前述設計上應考慮因子之前提下，採用人工地盤生態工法營造施作。

▎圖 7-16　適當的植物選種與配置，可營造一個低維護高生態機能的生物棲地

5. 景觀生態屋頂花園的功能

(1)生態效益：

A.多樣的植物種類可有較好的吸附能力，使雨水多貯留於屋頂表面，進而提高省水功能。

B.土壤可吸收水分，延緩雨水逕流速度及流量，減低災害發生。

C.藉由植物過濾空氣中的塵粒、吸收 CO_2 及淨化空氣中的有害氣體，並達到固氮減碳效果。

D.在地樹種適合當地自然環境，並藉由與當地生物形成複雜的食物鏈，促進環境生態平衡。

E.結合鄰近綠帶，提供野生動植物的棲息、過渡或遷移的中繼站。

F. 調查結果顯示，十二樓層高的花園可見到蝴蝶和鳥類，提供授粉機會，土壤亦有蚯蚓鑽動，減少管理維護工作。

G.除降溫隔熱之外，在北溫帶的冬季，屋頂花園亦可達到室內保溫效果。

▎ 景觀生態屋頂花園提供野生動植物的棲息或遷移

(2)社會與景觀效益：

A.改善市民居住條件，提高生活品質。

B.補償建築物占用之綠地面積。

C.增加都市綠覆率。

D.拓展都市綠量空間。

E.豐富都市俯仰景觀。

F. 發揮美學和景觀功能。

G. 發揮教育功能。

H. 發揮療癒功能。

I. 發揮休閒與遊憩功能。

J. 提供災害逃生及疏散之空間及路徑。

屋頂花園可作為戶外教學及休憩場所　　　右側走廊兩處進出口提供逃生疏散空間及路徑

⑶經濟效益：

　A. 屋頂綠化可以攔截雨水並且再利用、減低屋頂表面受損及維護費用。

　B. 景觀生態屋頂紓解人工排水系統的壓力，減少硬體設施的費用。

　C. 分析結果顯示，一座面積 306 m^2 之景觀生態屋頂花園可降低夏季屋頂表面溫度約 2.7℃～10℃，因而每年節電約 9811.2 瓩、節水約 1116,900 公升，達到固碳量約 200 kg～91,800 kg。

6. 相關法規及參考標準

⑴綠屋頂技術規範：為改善城市生態環境，美化城市屋頂，降低溫室效應，節能減碳，規範屋頂綠化設計、施工及養護管理，確保屋頂綠化安全，制定本規範。

　A. 屋頂綠化建築物要求：屋頂坡度大於 15° 以上，45° 以下之屋頂綠化，應儘量做粗放型綠化。屋面坡度大於 45°，盡量避免施做綠屋頂。十二層以上的建築物屋頂綠化，較適合施作粗放型綠化。

　B. 防護圍欄為防止高空物體墜落和保證遊客安全，應在屋頂四周設置防護圍欄，高度應 130 cm 以上。

    C.屋頂花園之景觀設施設計應遵循「公園設計」規範。

⑵建築技術規則建築設計施工編：第 1 條十、（五）屋頂突出物：突出屋面之 1／3 以上透空遮牆、2／3 以上透空立體構架供景觀造型、屋頂綠化等公益及綠建築設施，其投影面積不計入第九款第一目屋頂突出物水平投影面積之和。而屋頂突出物水平投影面積之和，以不超過建築面積 30% 為限。

⑶其他：原輔導市民設置屋頂花園結構安全審核原則於中華民國 91 年 06 月 28 日已廢止。

參考文獻

1. 王小璘，2020，屋頂生態綠化與實例分享，高雄綠屋頂計畫民眾參與講座。

2. 王小璘、何友鋒，1999，公園綠地規劃設計準則研究，內政部營建署，p.186。

3. 王小璘、何友鋒，2011，校園屋頂綠化示範花園 —— 朝陽科技大學節能生態屋頂花園，造園季刊，69:23-30。

4. 內政部建築研究所，2015，屋頂綠化技術手冊。

5. 內政部營建署，2021，建築技術規則建築設計施工編。

6. 台灣綠屋頂暨立體綠化協會，2013，綠屋頂技術規範。

7. 林信輝、張俊彥，2005，景觀生態與植生工程規劃設計，明文書局。

8. 高雄市政府工務局，推動建築物 2020-2021 立體綠化及綠屋頂手冊。

(五) 兒童遊戲場（Playground）

聯合國「兒童權利公約」第 31 條揭示：「兒童有權利享有休息和閒暇，從事與其年齡相符的遊戲和娛樂活動」。「身心障礙者權利公約」第 30 條：「所有身心障礙者有權在與其他人平等的基礎上與文化生活」。是以，兒童遊戲權的保障應提供不同能力兒童平等參與、學習尊重包容的機會，以達到所有人一起遊戲為目標。

自古以來習於群體生活的人類，必須在「團體的規則、限制」與「個人的自由」之間取得平衡，遊戲正具有擺脫社會規劃和限制，尋求自由發揮的本質。由考古遺址中發現，在史前時期已就遊戲對個人肢體、智慧、情緒及社會的重要性，作了詳細的記載。然而，即使遊戲「是人類最極致的精神活動」，它被視為與「學習」占有同等重要的地位，仍是近世紀的事。

誠如 G. Ishmael 所言：「兒童遊戲場實際上是自然界中，原本提供遊戲機會的郊區林地、曠野或小溪的替代品。由於在新規劃的聚落中鮮有這些地方，因此，兒童遊戲場便成為滿足兒童遊戲需求的主要場所。」英國兒童遊戲權威及理論家 Lady Allen of Hurtwood 曾說：「兒童都需要一個遊戲的場所，他們需要一個自由自在的空間奔跑、喧鬧，來宣洩、經歷和探索。」以往大多數的鄉村兒童必須提早開始為生活而工作，而現今遊戲場則多針對居住於都市地區的兒童而設，並成為都市計畫中重要的一環。

遊戲係一種與生俱來的本能活動，諸多學者與理論家探討兒童遊戲的發展與演變，如古典理論有「剩餘精力理論」（The Surplus Energy Theory）、鬆弛理論（The Relaxation Theory）、複演理論（The Recapitulation Theory）及本能演練理論（The Instinct Practice Theory of Play）；當代理論有「心理分析理論」（The Psychoanalytical Theory）及認知發展理論（The Cognitive-Development Theory）；其中以瑞士著名心理學家皮亞傑（Jean Piaget）提出之「認知發展理論」最被廣泛應用，並視為兒童遊戲場的設計標竿。

1. 何謂遊戲

皮亞傑（1968）結合了遊戲和認知發展，將遊戲的最原始外貌歸因於嬰兒對自己行為支配所得來的歡樂。在認知發展上，遊戲是發展過程中的一種表現方式，兒童透過遊戲產生對環境的興趣，並由他們自身行為的結果發現因果關係，從而藉著遊戲熟悉他們的行為。

2. 兒童發展特性

(1)智能發展：

　A.感覺運動期（出生至兩歲）：

　　a. 嬰兒由事物中感知自己，藉由摸、抓、拍、聽、看、嚐、嗅等感覺來瞭解環境，進而知道他的行為和行為對環境的影響。

　　b. 學習到物件即使不再重現眼前，仍繼續存在。

　B.操作前期（兩歲至七歲）：

　　a. 使用語言，並藉由心象和話語來表達。

　　b. 世界環繞著他轉，依然自我中心。

　　c. 用單純顯著的特徵將物件加以分類。

　　d. 屆此階段末期，開始運用數字，並發展出不滅概念。

　C.具體運動期（七歲至十二歲）：

　　a. 熟悉各種不滅概念，依序為數字（六歲）、質量（七歲）、重量（九歲）。

　　b. 能作邏輯思考和操作。

　　c. 瞭解相對性的辭彙。

　　d. 能將一連串行動形成心理表現。

　D.正式運動期（十二歲至十二歲以上）：

　　a. 能用抽象名詞思考，瞭解邏輯命題，並能靠假設來推理，孤立一個問題的元素，有系統地試探各種可能的解決方案。

　　b. 關心假設的未來和觀念問題。

(2)概念發展：

　A.空間概念：

　　a. 四歲兒童對近距離的感知能力和成人相同，五歲時開始辨識左右。

　　b. 年長兒童使用秤與量尺後，開始知道什麼是公斤、公克、公尺、公分。

　　c. 數學課程使他超越自己的經驗，去瞭解距離與空間的意義。

　　d. 大眾傳播使兒童對太空產生貼切的認識。

　B.時間概念：

　　a. 五、六歲以前的兒童缺乏時間長短的觀念，不會看鐘，不知道自己活動的時間。

　　b. 進入小學以後，上下課的鈴響、規定的課程表，使兒童能預測多長的

時間可完成什麼工作。

c. 歷史課程、電影、電視、網路節目和書籍、雜誌的插畫，把古老的事物呈現在眼前，迅速增進兒童時間的概念。

C. 生命概念：

a. 五歲以前較難理解死亡的意義，認為所有東西都和人一樣，他們將東西擬人化，認為萬物都是活的。

b. 六歲以後開始知道不能單靠「動」的有無來區別生物或非生物。

D. 自我概念：

a. 三歲時知道自己的性別與名字。

b. 稍大時會與別人互相比較，因而產生優越感和害羞。

c. 入學後開始對自我有較客觀的看法。

E. 美的概念：

a. 對美的認識來自兒童對所見所聞能夠領略的能力。

b. 幼童喜歡看熟人的照片，以及一些熟悉的動物圖片，越小的兒童越喜歡艷麗的顏色。

c. 兒童年紀越大對美的欣賞越廣泛越成熟，對顏色、形狀、臉部和軀體的美醜觀念，皆為團體的標準所制約。

d. 幼小兒童對某種音樂有強烈的嗜好，喜歡「音調」和「韻律」很清楚的音樂，且越常被演奏，他們就越覺得美。

e. 年紀較長，受環境的影響，對音樂的嗜好呈現較大的個別差異。

F. 滑稽概念：

a. 三歲至六歲對奇怪而異常的事物不覺得害怕，反而感到滑稽有趣。

b. 幼兒園的兒童認為有趣的是：扮鬼臉、模仿別人的動作、聲音和一些調皮的情境。

c. 較大的兒童認為有趣的是：怪異的表情、動作、別人的小過失、小災難，給老師或其他出風頭的人畫漫畫、開人家的玩笑、違背某些規矩。

d. 至十歲仍以一些陳舊的玩笑和熟悉的怪動作為樂，無法體會較奧妙優雅的幽默。

e. 至十二歲仍然喜歡鬧劇。

(3)情緒發展：

A. 情緒特徵：

a. 強烈～年幼兒童對微不足道的事情和嚴重情境的反應都一樣激烈。

b. 無常～年幼兒童很快地由哭變成笑，由生氣變成歡樂，由嫉妒變成關愛。

c. 經常出現～兒童經常表現喜怒哀樂的情緒而較難抑制。

d. 可從行為徵候查覺～間接地以無精打采、作白日夢、哭泣、言語困難及神經質的怪癖表示其情緒。

B. 情緒種類：

a. 害怕～對幼小兒童係來自大的聲音、暗的房間、高的地方、突然的換置、獨自一人、陌生的人、地方或事物等的刺激。

對較長兒童則對幻想的、神奇的和遙不可測的危險等之恐懼，有顯著的增加。

兒童期後期害怕被嘲笑，與眾不同或不被社會接受。

b. 生氣～獲得需要的既快又簡便的方法。

主要來自家庭的爭執、有趣的行動受干擾、心愛的東西被搶走和慾望不能達到。

兒童後期因被說教、被拿來與同伴相比而自己屬於下風時，發現被欺騙、對他不公平或被誣賴等。

c. 好奇心～兒童對環境中任何新鮮或神秘的東西都作正向反應，而去接近、探討或操作他們。

幼童會不停地尋找新的經驗，並加以不斷地觀察與探索；年長兒童除直接的探索外，還時常發問。

小學二、三年級以後，閱讀成為獲取知識滿足好奇心的主要來源。

d. 愉快～被關心愛護。

被周圍的人接納。

完成某一件事。

(4)社會行為發展：

A. 社會行為：

a. 合作～四歲左右才學會與他人一同遊戲或工作。

b. 競爭～若因競爭心理而去做某一件事，其行為即成為社會化的一部分；

如以吹牛、吵架方式表現自己，則導致不良的社會適應。

c. 慷慨～隨著自私行為的減少，以及兒童因學得此行為可以得到社會的

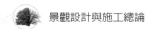

讚許而增加。

d. 同情～對別人的感覺和情緒的一種瞭解，三歲兒童即具有此行為特徵。

e. 友誼～以接近、交談和共同遊戲來表達。

f. 模仿～最初的模仿對象是父母，慢慢從玩伴中選擇一位或是幾位最喜歡的人作為模仿的對象。

g. 想得到社會的讚許～此動機越強烈，越容易遵從社會的期望。

B. 非社會行為：

a. 違拗～一種自我肯定與自衛的有趣綜合，亦是自我發展的一種正常狀態；一般在三至四歲時達到了頂峰。

b. 自私～在四至六歲的期間最自私，待與其他兒童遊玩，發覺自私對自己有害時，才會努力消除以自我為中心的興趣，而加入團體共同活動。

c. 吵架～使兒童瞭解別人能夠忍受與不能忍受的一切事情，隨著社會的適應越增進，就越少發生吵架。

d. 攻擊～一種實際的或是威脅性的敵對行為，較年幼者以身體攻擊，較年長後以辱罵或譴責等語言表示。

e. 優越行為～一種想控制別人或向他人表示霸道的行為傾向。若適當指導，可以成為領導的特質，但過分的表現則導致社會團體的排斥。

兒童若能正常度過幫團生活，則其社會的發展即將很順利且迅速，並成為合作且適應良好的團體成員。

(5) 遊戲行為發展：

A. 悠閒行為～無明顯的遊戲行為，只對瞬間感興趣的事物有反應。（兩歲以前）

B. 旁觀行為～在一旁觀看其他小孩遊戲。（兩歲至三歲）

C. 單獨遊戲～各玩各的，但希望母親在視線可及之範圍內。（三歲及三歲以前）

D. 平行遊戲～在同一地方玩類似的遊戲，但彼此無溝通的交流（三歲至四歲）。

E. 聯合遊戲～共同從事某一項活動，但無嚴密的組織或遊戲規則（四歲至六歲）。

F. 合作遊戲～參與有組織的團體，從事競賽性的活動（兒童後期）。

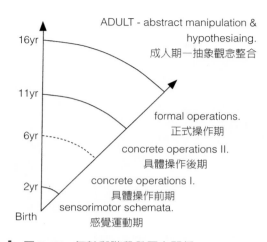

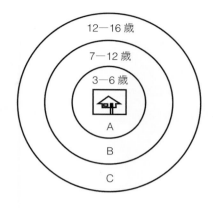

| 圖 7-17　年齡與階段發展之關係 | 圖 7-18　遊戲空間分布與層次關係 |

3. 遊戲特徵和功能

(1)遊戲特徵——用以區別遊戲與工作或似工作的非遊戲性質：

A. 遊戲是自然的、自發的。

B. 遊戲是歡樂有趣的。

C. 遊戲是主動的。

D. 遊戲是無目的的。

E. 遊戲是自我啟發的。

F. 遊戲是熱烈的。

G. 遊戲連結了探索的遊戲行為和學習。

(2)遊戲功能——以人類學的觀點來看：

A. 由遊戲中學習生活的原則和規律。

B. 在輕鬆的玩樂中培養未來面對真實生活的反應力。

C. 擺脫社會規則和文化限制，尋求個人自由發揮的機會。

D. 由虛構的情節中發洩種種限制所造成的不滿和沮喪。

E. 藉由遊戲比賽教育兒童，並減低其侵略性和敵對性。

F. 藉由重覆的遊戲，反應經驗的壓力，進而減低此壓力的強度。

G. 透過遊戲為成年生活做準備。

H. 增進兒童的語文能力和智力。

I. 培養兒童的想像力和創造力、組織能力和邏輯觀念。

J. 促進知能運動的發展。

遊戲是認知發展過程中重要的一環　　重覆的遊戲可減低壓力的強度
（日本東京）

4. 兒童遊戲動作與遊戲設施

兒童肢體動作及年齡與遊戲設施有密切關係（表 7-10、表 7-11）。

表 7-10　兒童遊戲動作分類表

基本動作	複合動作	兒童遊戲動作
直立	身體直立、手腳作水平或上下左右的擺動。	畫塗寫板、拉單槓、投球、攀爬梯、搖搖籃
蹲	由直立轉變成腳下蹲。	蹲著玩沙、玩躲避牆、迷陣、盪鞦韆。
走路	走或競走。	走平衡木。
跑跳	跑步或跳躍。	跳躍、跳繩、捉迷藏。
上下	上下台階。	上下坡、玩迷陣、攀爬架。
坐臥	坐下、仰臥、俯臥。	玩滑梯、攀爬架。
坐跨	坐下、跨越。	投球、障礙跳。
迴轉	轉身。	跳房及其他迴轉動作。

▌ 表 7-11　不同年齡層兒童嗜好之遊戲

年齡別		兒童所好之遊戲
幼稚園		滑梯、鞦韆、攀爬架、玩沙、戲水。
國小低年級		滑梯、玩沙、躲避球、賽跑、攀爬架、溜冰。
國小高年級	男	躲避球、單槓、籃球、棒球、溜冰、滑梯、單車、爬竿。
	女	躲避球、跳繩、排球、籃球、鞦韆。
國民中學	男	各種球類、單雙槓、跳繩、溜冰、單車。
	女	球類、跳繩、溜冰、單車。

▌ 遊戲可促進知能運動的發展

▌ 遊戲設施應考慮不同年齡的使用者（德國斯圖加特）

5. 兒童遊戲場之條件

(1)實質環境：兒童遊戲場實質環境的特性考量，包括日照、風向等項目，以下就各項目說明如下。

　A. 日照：適量的日照有益於兒童身心健康，但仍應避免過度的陽光直射兒童；一般而言，適當的日照比率約為 50%。

　B. 風向：對於容易受強風吹散的舖面材質或砂坑，可利用地形變化、擋風牆設置或植栽加以阻擋。

　C. 舖面：舖面的防撞擊功能對於機能性的遊戲設施而言，十分重要，如細砂或草皮等軟質舖面都是良好的材質，但須加強排水及維護工作。

(2)空間特性：

　A. 安全性：安全的考量為兒童遊戲場最重要的一環，舉凡預防碰撞、跌倒、

摩擦、翻落、鉗夾及其他意外的預防等，皆為遊戲場設計時應注意的事項。

B. 可及性：兒童遊戲環境應顧及整個遊戲空間，以及活動場所和設施之可及性。以激發兒童之動力，發揮遊戲空間之功能。

C. 方便性：應符合不同障礙兒童的尺度需求，並考慮其伸展及操作之方便性，使殘障兒童能擁有和一般兒童相同程度的遊戲體驗。

D. 標示性：遊戲環境中應設置解說系統，除了視覺的標示之外，必須兼顧聽障兒童和視障兒童，提供觸覺地圖、自動發聲設備等，對兒童遊戲環境有適當導引。同時，應設置遊戲設施使用說明，以便家長及兒童正確使用遊戲設施。

6. 遊戲場場址的選擇

(1)選址原則：

A. 幼兒能從住家安全抵達。

B. 避免設置於有危險的區域。

C. 避免低濕陰暗而全日無陽光照射之處。

D. 社區兒童遊戲場以無需要穿越社區內主要道路即可到達者為宜。

E. 幼兒（三歲至六歲）遊戲場在住宅 100 m 之半徑範圍內為宜。

F. 兒童（六歲至十二歲）遊戲場則在 300 m 之半徑範圍內為宜。

(2)適當場所：

A. 後院：

a. 少數，且作其他用途。

b. 建築法規。

B. 住宅社區：

a. 住宅區整體配置規劃留設。

b. 住宅區棟之間。

C. 各類型的公園綠地：

a. 依公園類型、規模大小設置一處或多處遊戲場。

b. 鄰里公園為最小單元，可及性最高，每一公園須設置一處。

c. 園道中之遊戲場可及性及安全性最高，使用頻率亦相對增加。

d. 可視園道周邊人口密度布設遊戲場及遊戲設施。

後院可提供安全的遊戲空間（西班牙巴塞隆納）　　鄰里社區宜提供安全的遊戲場所（西班牙巴塞隆納）

D.街道：

　　a. 行人徒步區。

　　b. 市街設計時預留兒童遊戲空間。

E. 屋頂遊戲場：

　　a. 建築物之結構及載重量：

　　　　⑴舊有公寓住宅，其屋頂遊具總重量應在 150 kg/m² 以下。

　　　　⑵新建住宅之結構設計，以活載重不得少於 300 kg/m² 計算。

　　　　⑶選用較輕之材料。

　　　　⑷較重的設施應置於樑柱之位置及較大的基礎上，以分散單位面積的重量。

　　b. 排水設施須配合建築物的排水或另行設計排水系統。

　　c. 防風及安全設備須視建物所在之環境，決定是否架設防風網，或於女兒牆上架設保護牆。

　　d. 建築法規。

F. 學校遊戲場：

　　a. 托兒所及幼兒園～合理的配置，設施的維護。

　　b. 國小～適當的遊戲器具，多目標的空間使用。

7. 遊戲場整體規劃準則

　⑴整體配置：儘可能讓不同能力的兒童都能體驗遊戲；並確保設備安全及適合不同能力、年齡之兒童一起遊戲。

A.景觀：運用植栽美化遊戲場，區隔遊戲設備的使用區域，遮蔭乘涼。

B.地形：善用基地既有地形變化；亦可創造地形起伏，使遊戲活動更富特色及挑戰性。

C.水景：兒童喜歡觸碰水體和戲水，但須確保水質淨化及安全性。若有水域生態，可讓兒童觀察學習。

D.植物：提供遮蔭、五感體驗等功能，並避免種植有害植物。（植物種類可參考「總論 09 各類有害植物種類」）

E.緩衝空間：遊戲場應留設空間讓兒童發揮創意，自由創造遊戲規則與遊戲方式，並符合國家 CNS 標準規定及兒童遊戲場設施安全管理規範。

F.舖面：舖面應能吸收墜落時的撞擊力，並不得過於粗糙或易滑。考慮輪椅、幼兒手推車及身心障礙者使用輔具之可及性，並符合國家 CNS 標準規定及兒童遊戲場設施安全管理規範。以大片草坪最佳。

G.材質：提供讓兒童感受不同觸感而安全無毒的材質，並符合國家 CNS 標準規定及兒童遊戲場設施安全管理規範。

⑵空間界定：

A.邊界護欄：對於跑出遊戲場範圍之外且陪伴者未發現的兒童，邊界護欄能確保兒童不會進入如車道等危險區域。

B.遊戲場分區：

a. 根據年齡、難易度、動靜態活動等分區規劃，以供不同年齡的兒童使用。

b. 鼓勵不同能力的兒童一起遊戲的機會。

▌ 兒童遊戲設施宜根據年齡作適度分區

▌ 設施的規模大小應符合不同的年齡（西班牙巴塞隆納）

c. 空間規劃應通透，讓陪伴者及管理者視線可及。

d. 較大的遊戲場應規劃不同活動強度的分區。

e. 遊戲設備的挑戰級別應循序漸進，使各種身心智能的兒童均有機會參與使用。

f. 緩衝和具遮蔭的空間供陪伴者休息。

g. 易於管理及維護。

C. 動線：動線規劃須能讓兒童及陪伴者熟悉場地空間布局，並設置指示牌或網路資訊設備。

　　a. 規劃原則：

　　　⒜讓使用者或陪伴者容易瞭解遊戲空間及相對的方位。

　　　⒝使自閉症或有感覺處理障礙之兒童產生焦慮時，能暫時安靜以重新回到遊戲區之緩衝區。

　　b. 道路寬度：應考量友善的道路寬度，供輪椅、嬰兒車及使用輔具等都能舒適通行。

　　c. 視線：應使陪伴者隨時看見遊戲中的兒童，降低意外發生的風險。

D. 空間導引：應在遊戲空間和周邊設置多元感官提示，使兒童能夠運用視覺、聽覺、味覺、嗅覺、觸覺和身體空間感，進出遊戲空間。

　　a. 色彩計畫：顏色可以作為引導工具，為視力不良的兒童提高對比色，協助他們在遊戲中的分辨界線或高差；同時能培養兒童對美感的感知能力。

▎色彩能培養兒童的美感

▎邊界護欄可保障兒童遊戲的安全（西班牙巴塞隆納）

b. 遊戲場告示牌，內容包括：

　　(a)緊急聯絡方式。

　　(b)安全使用方法。

　　(c)設施承載量。

　　(d)圖像化標語。

　　(e)分齡標示。

　　(f)通報電話。

E. 設備選擇評估：

a. 地面式遊具：提供使用輪椅等設備者一起遊戲，考量如沙桌平臺或旋轉盤等設施。

　　(a)沙桌平臺建議高度 60 cm 或 70 cm，容膝深度大於 45 cm。

　　(b)旋轉盤無高低起伏可輕易進入，地面間隙 0.8 cm 以內及相關 CNS 國家標準規定。

　　(c)若鞦韆設施供使用輪椅等設備者，宜在最外側提供輪椅上下空間及安全距離。

b. 遮陽設備：

　　(a)有效遮蔽陽光。

　　(b)具有抗紫外線功能。

　　(c)避免遊戲設施在陽光下曝曬。

　　(d)利用枝下高且枝條強韌不易折斷之開展性常綠喬木。

　　(e)場地留設約 60% 空地，使兒童在遊戲活動中接觸陽光，增進身心健康。

c. 廁所盥洗室及洗手台：

　　(a)廁所因服務對象不同可分為一般廁所、性別友善廁所及親子廁所。

　　(b)親子廁所盥洗室，包含獨立式親子廁所，及在男女廁所設置兒童小便器、兒童洗面盆和安全座椅等設備。

　　(c)廁所須考量通風、採光、安全、舒適、美觀及明亮的空間視覺效果。

　　(d)洗手台應考慮尺度、材料、排水、位置、色彩等。

8. 遊戲場設計準則

(1)設計準則：

A. 環境方面：

    a. 活動區之間的連接通道，以不阻礙兒童高度的視線為宜；同時要能使大人們能在視線內清楚看得到兒童。

    b. 確保兒童能安全到達，避免黑暗無陽光。

    c. 應有座椅、桌子、防雨及避風的設施、豐富的變化性和選擇性，且須方便到達盥洗設備。

    d. 不宜有過於隱蔽的空間設計，以避免發生危險時不易察覺。

    e. 遊戲空間的配置以連續性的設計為宜，以提供順暢的遊戲體驗。

    f. 主要動線的寬度應使輪椅兒童、拄拐杖兒童、視障兒童通行無阻。

    g. 主要動線應該平坦，避免有高低差。

    h. 遊戲設施應標明適用年齡及使用規則。

    i. 應留設彈性空間，使兒童自行發展活動。

B. 一般設施方面：參照我國國家 CNS 標準及兒童遊戲場設施安全管理規範。

    a. 個別遊戲設施使用區域：

        (a)基本的使用區域，從設施四周任一邊算起，至少要有 183 cm 的淨空區域。

        (b)鞦韆的使用區域擺盪方向各延伸 2H 的淨空，支架需向外側延伸 183cm。

        (c)站立式搖動或彈跳設施使用區域：從設施周圍任一邊算起，至少有 213 cm 的淨空距離。

    b. 相鄰遊戲設施使用區域：

        (a)可以完全重疊：兩個設施遊戲平面都沒有超過 76 cm，可以完全重疊。

        (b)可以部分重疊：兩個設施遊戲平面高度任一個或兩者都超過 76 cm，必須預留 274 cm 以上的使用空間。

        (c)完全不可重疊：孩童使用時會產生較大的動能，例如下列遊戲設施：

            i. 溜滑梯滑出段前方。

            ii. 盪鞦韆擺盪運行的前後方向。

            iii.旋轉式設施的四周。

iv.站立式搖動或彈跳設施的四周。

v. 若滑梯高度大於 122 cm，則滑出段高度應為 18 ～ 38 cm，若滑梯高度為 122 cm 以下，則滑出段高度應為 28 cm 以下。

vi.滑梯曲率之最小半徑為 76 cm，滑出段最小長度為 28 cm，滑出段之斜度為 -4° ～ 0°。

各類兒童遊戲設施及場地均須符合我國國家 CNS 標準及管理規範（左：西班牙巴塞隆納）

C.無障礙設施方面：

a. 至少設置一處坐輪椅兒童可使用之出入口。

b. 於其他出入口處設置標示，說明輪椅通行之出入口位置。

c. 遊戲區內所有設施方便坐輪椅兒童使用為宜。

d. 有高低差或階梯處時，需併設坡道。

e. 梯面、扶手等應妥善處理。

f. 於適當位置設置扶手，應連續設置而不中斷。

g. 遊戲區內步道設排水溝及集水槽要加蓋，以策安全。

h. 於出入口附近設置殘障者專用或優先使用之停車位。

i. 座椅、野餐桌、飲水機及垃圾箱等設備要配置得當。

j. 視公園規模設置一處以上坐輪椅兒童可使用之廁所。

k. 因應殘障兒童之特性與需求，設置各項安全且確實之標示，以引導殘障兒童到達目的地。

l. 空間不宜過大且需界定明確，與車輪動線間應有良好阻隔。

⑵設施種類：

A.遊戲設施：遊具、自由遊戲廣場、運動廣場、球場、滑輪場等。

B.休憩設施：休息室、座椅、涼亭、花架、遮蔭樹、草坪等。

C.保護管理設施：防風樹、遮蔭樹、涼亭、燈具、布告板、洗手台、飲水機、廁所等。

D.聚集設施：兒童館、戶外劇場、活動廣場等。

E.聯絡設施：園路、台階、坡道等。

F.飾景設施：花壇、水池、雕塑、花木及其他裝飾物。

9. 共融式遊戲場（Inclusive Playground）設計準則

共融精神是提供平等參與的機會，增進身心障礙等特殊需求兒童與一般兒童在友善環境的日常互動。為呼應兒童遊戲權的平等原則，遊戲場域的規劃設計應納入不同能力的使用者一起遊戲。

⑴設計原則：（參考臺北市共融式遊戲場設計）

A.公平（Be Fair）：遊戲場應能讓所有人，包括兒童、照顧者、身心障礙者及特殊需求者公平參與。

B.融合（Be Included）：考量身心障礙者或特殊需求者的身心狀況與需要，提供無障礙環境，排除空間及遊樂設施的障礙，讓特殊需求者能夠融入遊戲場。

C.智慧（Be Smart）：打造簡單、直覺性、具有發展性的遊戲空間，幫助每個人能從遊戲場中獲得探索、成長、發展、冒險、互動與學習的機會。

D.獨立（Be Independent）：提供各種感官及認知功能的溝通資訊與刺激，支持兒童發展及獨立參與的可能性。

E.安全（Be Safe）：打造安全的遊戲環境，確保參與者的安全。

F.積極（Be Active）：遊戲場應能提供不同程度的社會互動與運動機會，讓每個人能更積極地探索及發展。

G.舒適（Be Comfortable）：遊戲場應提供不同年齡、能力、體型、感官功能程度、移動能力差異者舒適、無障礙的參與機會。

⑵一般性設計原則：

A.易於進出場域：位於容易進出的場所，並考量不同類型族群移動的需求。

B.多元遊戲體驗：提供肢體、感官、社交活動等多元豐富的遊戲體驗。

C.跨齡共遊設施：突破以往遊戲限制，提供跨齡共遊及特殊需求使用者之

　　　共享設施。

D. 多元挑戰級別：提供多元挑戰級別的遊戲體驗供不同年齡、能力兒童選擇。

E. 提供活動組合：將不同挑戰級別的相似的活動予以組合。

F. 評估遊戲能力：依兒童遊戲能力差異予以適度分齡分區。

G. 激發學習能力：藉由空間與設施設計，激發孩童學習潛能、空間感、節奏感和合作技能及社交互動能力。

H. 提供緩衝空間：配置可供兒童調整情緒、安靜舒適的空間，並與遊戲活動適度區隔。

I. 塑造特色：塑造遊戲場特色，增進使用印象和分享機會。

J. 多元材質舖面：搭配多元材質舖面，若選用鬆散材質（如：沙、細礫石、木屑等），應配置於主要動線之外，並考慮輪椅等特殊需求。

K. 良好動線規劃：依現地條件及遊戲分區規劃主要及次要動線。

10. 遊戲場的維護管理

⑴維管計畫：兒童遊戲場的主管機關除了日常檢查及定期檢驗之外，需要設立使用者通報機制，以利使用者即時回報。

　　兒童遊戲場應有事故發生的緊急處置流程，管理人員也應接受安全講習與訓練。同時，兒童遊戲場的設計、製造、安裝、檢查及維護，都應符合國家標準及相關法規，落實保障孩童遊戲安全。

⑵一般管理：

A. 全園的清潔：

a. 垃圾及危險物品的清除。

b. 廁所、座椅、戲水池等的清潔。

B. 各種遊具的安全檢查：

a. 立即修理。

b. 出示「禁止使用」的警告牌。

C. 建築物的安全檢查。

D. 其他。

⑶技術管理：

A. 植物管理：

  a. 修枝剪葉。

  b. 澆水施肥。

  c. 病蟲害防治。

  d. 草地花壇之培植與管理。

  e. 地被植物之增補及修剪。

  f. 天然林更新。

  g. 颱風防護。

  h. 震災修復。

 B. 安全管理：

  a. 設備的安全檢查。

  b. 危險的防止。

  c. 急救。

  d. 火災的預防。

  e. 不良份子滋事的預防。

 C. 兒童指導：

  a. 遊戲器具的安全使用。

  b. 遊戲指導。

  c. 對蓄意破壞及獨占的行為加以勸導。

⑷遊戲場維護管理檢核表如表 7-12（以新北市為例）。

11. 相關法規

⑴都市計畫法：針對公共設施用地種類、遊戲場之布置、及自辦新市區建設事業之最小面積與義務等事項加以規定。

⑵身心障礙者保護法：針對身心障礙者行動及使用之設備、設施等加以規定。

⑶臺北市土地使用分區管制規則：在公共設施用地方面，對公園及兒童遊戲場之建蔽率、容積率加以規定。

⑷臺北市公園管理自治條例：規定公園內得以設置之設施。

⑸臺北市獎勵投資興建公共設施自治條例：對公共設施範圍加以說明，並規定兒童遊樂場之設施應以安全為考量原則。

⑹高雄市公園管理自治條例：針對公園內遊樂設施項目說明，並規定公園內之建地面積。

表 7-12 遊戲場維護管理檢核表（以新北市為例）

	檢查員：					
遊戲設施項目	□球池　□滑桿　□鞦韆　□隧道　□迷宮　□階梯　□護欄　□頂蓋　□沙坑 □雲梯　□柵欄　□攀爬架　□攀爬網　□攀岩牆　□溜滑梯　□平衡木　□遊戲板 □地球儀　□旋轉椅　□擺盪吊梯　□高低單槓　□乘坐蹺蹺板　□站立搖晃設備 □乘坐彈簧搖動設備　□其他＿＿＿＿＿＿＿＿＿					
檢查重點	**項目**	**內容**	**是**	**否**	**備註**	
周邊環境	1	設施表面或舖面無積水、油漬或足以造成滑倒之殘留物			周邊環境應以整潔與衛生為主，並依遊戲場現況調整。	
	2	遊戲場是否清潔				
	3	設施物下方舖面與周圍地面平坦，無翹曲、凹洞、突出物、石頭或障礙物				
	4	舖面完整性及平整性				
	5	下雨天或連假後，須找好天氣翻曬砂坑區				
	6	下雨天或連假後，須找好天氣翻曬木屑				
	7	礫石區的鬆填材是否需要填充或更換				
	8	人工草皮是否需要更新，以免造成危險				
設施本體	1	設施表面無掉漆、面層剝落之情形			設施本體應特別注意其穩固性及安全性。	
	2	設施整體構造沒有傾斜、彎曲與變形				
	3	設施構造單元完好，無斷裂、裂縫、生鏽、毀損、凹陷、隆凸不平、零件遺失、變形彎曲、破碎等情況				
	4	設施無任何尖銳突起物（如螺栓、木刺、玻璃），且無銳利邊緣				
	5	螺栓、焊接點、環扣及軸承穩固牢靠，無鬆動或脫落				
其他事項						
	複查員：					

12. 相關參考標準

為確保兒童及其他使用者之安全，應遵循 CNS12642 及 12643 等國家標準及衛生福利部「兒童遊戲場安全工作指引手冊」。

(1)相關法規及標準：中華民國國家 CNS 標準。

- CNS12642 公共兒童遊戲場設備。
- CNS12643 遊戲場鋪面材料衝擊吸收性能試驗法。
- CNS15912 遊戲場用攀爬網及安全網／格網之設計、製造、安裝及測試。
- CNS15913 軟質封閉式遊戲設備。
- 兒童遊戲場設施安全管理規範。

(2)國際相關標準：

- 美國材料試驗協會 ASTM F1292、ASTM F1487、ASTM F1918、ASTM F2375。
- 歐盟 EN1176。

(3)美國消費者安全協會（CPSC）公共遊戲場設計手冊。

參考文獻

1. 王小璘，1987，兒童遊戲的活動場所及空間之研究，造園季刊，2(4):61-71。
2. 王小璘、何友鋒，1999，公園綠地規劃設計準則研究，內政部營建署，p.186。
3. 王小璘、何友鋒，1999，景觀設施專業施工、監造制度研究，內政部營建署。
4. 中華民國殘障聯盟，1995，無障礙環境設計手冊。
5. 公共工程委員會，公共工程施工綱要規範 11481 章。
6. 新北市政府，2018，新北市遊戲場設計工作手冊，p.47。
7. 經濟部中央標準局，1991，兒童遊戲設備安全準則，兒童遊戲空間規劃與安全研討會 (3)，p.1-1 ～ 1-14。
8. 臺北市政府社會局，2020，共融式遊戲場設計原則，p.29。
9. 衛福部，2017，兒童遊戲場設施安全管理規範。
10. 全國法規資料庫
   https://law.moj.gov.tw/。

(六) 濕地（Wetlands）

1. 濕地的定義

依據 1971 年在伊朗簽訂的拉姆薩公約（Ramsar Convention）第一條所指之濕地為：「不論天然或人為、永久或暫時、靜止或流水、淡水或鹹水，由沼澤（marsh）、泥沼地（fen）、泥煤地（peat land）或水域所構成之地區，包括低潮時水深 6 m 以內之海域。」。

由中文字義來看，「垤」是濕地的古字，意指潮濕的土地，如池塘、潮汐灘地、泥沼地、沼澤區、低窪的集水區等。因此，廣義的濕地，是指水與陸的交界，舉凡被水淹沒的土地，或被水淹沒但水位深度不超過 6 m 的區域。

▌桃米濕地

▌四川潟湖

▌四草濕地

2. 濕地的種類

根據濕地形成原因、受潮汐影響程度和生長其上之植物型態，臺灣濕地分為天然濕地和人工濕地兩大類型：

⑴天然濕地：因大自然的地理變化而形成。依其地理型態又可區分為：

　A.海岸濕地：又稱「鹽水濕地（Saltwater Wetlands）」。週期性的潮汐是影響此種濕地類型的主要因素。主要分布於沿海一帶；舉凡沼澤、溪口灘地、

林沼澤（如紅樹林）、潮間帶、離岸沙洲、潟湖、鹽湖、小島、珊瑚礁等均屬於此類型。

　B.內陸濕地：又稱「淡水濕地（Freshwater Wetlands）」。因受到水域、地下水、雨水等非感潮段之水文影響，由雨水匯集成的小溪、河川、湖泊流經陸地而形成；包括淡水沼澤、池塘、灌木沼澤、泥炭沼澤、低地闊葉林、森林沼澤、季節性淹水的草地和森林等均屬於此一類型。

⑵人工濕地：人類活動而形成；如水田、鹽場灘地、魚塭、蝦池、水庫、攔沙壩、各類運河與溝渠，以及水質淨化型人工濕地等。

▍鹽田溪口天然海岸濕地　　　　　　　　▍洲仔人工濕地

3. 濕地的功能與重要性

⑴可以防止海水入侵、減輕沿海土地的鹽鹼化及枯水期海水向內河倒灌。

⑵可以防止侵蝕、保護海岸線的穩定，並有防風作用，如紅樹林。

⑶具有沉積和淨化作用：流水進入濕地後，各種物質隨水流緩慢而沉積，成為濕地植物的養料；其中的有毒物質會被泥土中的微生物迅速分解。

⑷具有防止乾旱和洪澇作用：濕地參與水循環，可以涵養地下水、調節地表逕流、防止乾旱和洪澇發生。

⑸物種豐富，生物多樣性中蘊藏豐富的遺傳資源，可保有種源庫和基因庫。

⑹自然和人為風景與豐富的動植物資源，具有極高的景觀、遊憩和教育價值。

⑺作為動植物的生存棲地。

⑻具有經濟價值：海岸或河口提供大多數的海水魚類孵育成長場所，不僅增

加海洋中的魚群量，亦可維持沿海地區養殖漁業的經營。

4. 設計原則

⑴確立復育目標：濕地環境景觀設計目標在其環境復育（environmental restoration）；即針對遭到破壞的環境，以基地既有之環境特質與條件爲依歸，進行改善與修復工作；其目的爲以恢復環境生態演替歷程中，環境品質最理想的狀況。

⑵以生物指標爲依歸：環境復育目標之選定不具絕對性，一般大多採行指標物種（biological indicator）之認定方式，以明顯可期之環境生態特徵，如瀕臨絕種之生物或珍稀動植物等，作爲環境復育之最大訴求。

5. 設計準則

⑴海岸濕地（草澤、林澤、塭岸綠帶）及內陸濕地（草澤、埤塘）：

A. 釐清各生境單元（biotope unit）最基本之環境領域（territory）需求。

B. 種植復育及保護該棲地之在地植物，避免引進新品種而改變土質、水質或水文。

C. 使用分區及人行動線須明確，以確保生態保護區。

D. 限制人類活動範圍和設置過多人工設施。必要時，人類活動區域可設置少量架高棧道或平臺，以減低對濕地生態之衝擊和破壞。

E. 避免汙染水質及土壤，並儘量利用自然材料處理，例如利用蘆葦吸附汙染物、水筆仔吸收重金屬等。

F. 避免圍築高牆作爲鳥類隔離和保護設施，因而造成孤島效應。

G. 賞鳥亭需設置於背光面，以自然、非塑非排碳或仿自然材料建造，並隱蔽於樹林草叢中。

H. 以生態工法營造所欲恢復之生物棲地。

I. 設置適當之解說設施。

⑵人工濕地：

A. 選擇適宜地點設置。

B. 規劃時需符合當地環境和景觀，達到理想的生態功能。

C. 選擇潛在之在地植物，營造濕地環境。

D. 避免過多的人工設施及工程。

E. 增加綠化量，減少舖面面積。

F. 不可過於追求時間上的成效，而應給予人工濕地自然演替（natural colonization）的時間。

G. 設置適當的解說設施和良好的監測管理制度。

▌ 以在地植物營造濕地環境　　　　　　▌ 以生態工法營造生物棲地

6. 相關法規及標準

• 母法——濕地保育法：

第 10 條　重要濕地評定變更廢止及民眾參與實施辦法。

第 15 條　重要濕地內灌溉排水、蓄水、放淤、給水、投入標準。

第 22 條　國際級及國家級重要濕地範圍內公有土地委託民間經營管理實施辦法。

第 23 條　國際級及國家級重要濕地經營管理許可收費回饋金繳交運用辦法。

第 24 條　實施重要濕地保育致權益受損補償辦法。

第 27 條　濕地影響說明書認定基準及民眾參與準則。

第 30 條　衝擊減輕及生態補償實施辦法。

第 32 條　許可使用濕地標章及回饋金運用管理辦法。

第 41 條　濕地保育法施行細則。

參考文獻

1. 邱文彥，2001，人工濕地應用規劃與法治課題，臺灣濕地，第 23 期。

2. 中文百科全書

   https://www.newton.com.tw/。

3. 內政部營建署全球資訊網——濕地保育法

   https://www.cpami.gov.tw。

4. 臺灣濕地網

   https://wetland.e-info.org.tw/。

5. 國家教育研究院雙語詞彙

   https://terms.naer.edu.tw/。

6. 維基百科——濕地

   https://zh.wikipedia.org/wiki/。

(七) 河川（Rivers）

1. 河川的定義

所謂河川係指「落在或湧出地表的水，由於重力而沿著窪溝（河道）斜坡向下逐漸聚集，並挾帶著岩土或溶解物質，由上往下的天然流動水體（flowing / running water）。

2. 河川的功能

⑴ 人類飲用水源。

⑵ 牲畜供水。

⑶ 水產養殖。

⑷ 農業灌溉。

⑸ 生物棲息及繁衍場所。

⑹ 水力發電。

⑺ 便利航運。

⑻ 學術及教育。

⑼ 景觀價值。

⑽ 觀光遊憩。

柳川

瑞士萊茵河

韓國青溪川

荷蘭運河

| 英國康橋 | 紐西蘭基督城雅芳河 |

| 英國倫敦泰晤士河 | 法國巴黎賽納河 |

3. 河川生態潛力

　　河川依坡度、河道、流速等因素可分為上游、中游、下游及河口四個區段，每個區段都有獨特的環境：

上游：大多位於海拔較高的高山上。多為侵蝕的深溝或峽谷的地形，河道較窄淺，坡度較陡，底質為大小不一的石頭，水流速度快，常可搬運大石，河水冷，水質清澈沒有汙染，湍流也十分常見。

中游：大多位於丘陵地區。因地形受到侵蝕及搬運影響，而形成曲流及深潭。坡度漸緩，河道較寬，底質多為中等卵石及泥沙，水流速度漸慢。此段為河川生物多樣性最豐富之區域。

下游：大多位於平原地區。河道寬，坡度平緩，流速緩慢，底質多為泥沙淤積，地形受搬運及沉積運動影響，多為沖積地形。此區域受到人類行為干擾最大，水質因為養殖、工業或家庭廢水排入而受到嚴重汙染。雨量豐沛季節，常因

河水水量暴增而造成洪氾。

河口：主要位於河水和海水的交界處。地形十分平坦，為沉積地形。流水量和海水
　　　的潮汐高低息息相關，河道寬度亦受到潮水影響而改變，河道底質以泥和沙
　　　為主，水中鹽度比下游以上之區段較高，在此生活的動植物均為能適應鹹水
　　　之物種，部分河口有紅樹林生態系，如淡水河或高屏溪河口。

　　茲就河川上、中、下游及河口區本身及周邊環境之生態潛力列表說明如下：

▎表 7-13　河川上、中、下游及河口處周邊環境生態潛力表

生態潛力	上游	中游	下游	河口處
斷面	位於 1500 m 以上高山地區。地形變化大，環境條件有利部分生物生存。	位於 100～1500 m 丘陵地區。地形變化較緩，環境條件有利生物生存。	位於 100 m 以下平原地區。地形變化平緩，水質汙染嚴重，環境條件生物難生存，水陸界面不利於邊緣物種生存。	位於 100 m 以下。平坦的沉積地形及水陸界面有利邊緣物種生存。
地形	豐富的地形變化形成棲地之多變與特殊景觀。	地形變化大，生物棲地具多樣性。	沖積地形河水汙染嚴重。	地形高低變化不大。
護岸	土壤孔隙提供生物棲息之良好洞穴空間。	單一型式，較難提供良好之生物棲息空間。	單一型式，無法提供生物棲息空間。	土壤孔隙提供生物棲息之洞穴空間。
河底	多為大小不一的石頭。	多為中等卵石及泥沙。	多為泥沙淤積。	以泥和沙為主。
土壤	土質條件差。	土壤少。	雨季易造成洪氾。	鹽分含量較高。
植物	環境條件適合部分植物生存。	環境條件有利植物生存。	環境條件不利植物生存。	適合耐鹽植物。
動物	適合部分動物生存。	有利動物生存。	不利動物生存。	耐鹽植物提供動物棲息空間。
生態網路	條件尚可。	條件豐富區段。	條件較差區段。	條件最豐富區段。

4. 河川復育目標

　⑴保護河川水質乾淨清澈。

　⑵復育生態棲地。

　⑶改善整體水岸空間。

⑷改善公共安全與居住環境生活品質。

⑸提升城鄉風貌品質。

⑹確保整體環境生命週期之完整性。

5. 河川復育原則

⑴上游：

　A.應儘量避免過度的人為開發及遊憩活動干擾。

　B.減少過多的硬體設施，以維持原有之生態環境。

⑵中游：

　A.加強對既有環境之保護和保全。

　B.避免過度開墾與開發。

　C.強化環境教育機制，傳達維護自然生態之必要性。

⑶下游：河川流經住宅和人口密集地區，在河川生態保全之前提下，可發展遊憩活動，或藉由河川周邊生態營造，豐富景觀與環境的多樣性，以提供環境教育之機會。

⑷河口區：基於環境教育和遊憩需要，可透過有效的土地使用分區管制、生態棲地維護和復育，以及遊憩設施設計等手段，維護其生態環境。

6. 河川設計準則

⑴整體河川環境：

　A.整體發展及復育計畫應以相關計畫及法規為前提。

　B.保留原始之自然型態，針對流速快的直線河道部分可將其改為曲流；並於適當地點加大河寬，以減少侵蝕及沉積造成氾濫等災害。

　C.保留既有之深潭、淺灘、河畔林，並增加深潭淺灘設計，提供水中生物豐富的棲息空間。

　D.加強河川兩岸空地及周邊環境的生態綠化，提供多樣物種之棲息空間，改善環境景觀及視覺品質。

　E.利用挖掘流路後之土方，設置低水護岸，創造出適合動植物生長，以及昆蟲、鳥類及魚類之棲息環境。

　F.跌水設施應在環境、生態、保安等各方面評估後設置。

　G.應藉由植物軟化無法避免的人工構造物之硬體質感及單調景觀，以提升生態功能、降低視覺衝擊。

H. 常水位（未受到天候因素影響下之平常水位）低之單一斷面河床，應於安全考量之前提下，設置適當寬度之低水流路，並營造多樣之生態環境。

I. 加強水邊至高灘地之植生，以供鳥類棲息。人為干擾少之區域，可規劃為鳥類營巢地。

J. 為河川整治把關，落實生態檢核。

⑵上游區段：

A. 實施土地使用分區管制，對於環境敏感度較高地區，於工程進行前應先擬定開發原則，盡量降低對水環境之衝擊。

B. 配合土地使用開發許可，保護河川原始生態，禁止不當之開發行為。

C. 生態植生與綠化應以四周山區既有原生植物為主。

D. 相關輔助設施以選擇天然材質及非塑非碳排材料為宜。

E. 防洪及水利設施之設計應將環境之水域及陸域生態環境納入考量。

F. 以生態系保全護岸，並保留原有之孔穴及亂石堆，提供水中動植物之生育空間。

G. 景觀重點地區以綠化方式或自然石材作護岸。

H. 相關電信、自來水管線等設備，應利用橋梁下方穿越，避免影響河川水質水文生態及造成視覺衝擊。

I. 遊憩發展以保有河川自然風貌賞景式活動為主，例如登山、賞景、環境生態教育解說等。

⑶中游區段：

A. 整體發展構想應以相關計畫及法規為前提。

B. 應以河川生態保育極大化為目標。

C. 土地使用及開發應維持水岸坡地之自然林相，以確保河川生態系之發展。

D. 加強護岸之自然植生與生態綠化。

E. 加強河岸林木自然演替（natural colonization）之保育與管理，以恢復自然生態機能。

F. 針對河岸保安林帶進行修復，以確保河岸防護之穩固。

G. 防洪區域應保持暢通，植栽綠帶及人行道應保持連續性。

H. 運用生態工程手法進行施作防洪及水利設施。

I. 設施物應採用天然及人工透水材料。

J. 配合周邊之綠地空間，規劃多樣之靜態活動，例如散步、慢跑、騎自行

車等。

(4)下游區段：

A. 整體發展構想應以相關計畫及法規為前提。

B. 嚴格管控人為開發行為，定期執行生態檢核。

C. 堤防內沿堤岸之帶狀空間透過都市計畫劃設為綠地進行綠美化。

D. 岸邊設置緩衝帶，以過濾地表逕流，並提供野生動物棲息場所及美化河川景觀。

E. 配合防洪機制，儘可能減少河道及河岸整地範圍，避免干擾動植物棲地。

F. 周邊環境應種植在地原生植物，以提供生物食物來源與生存空間；同時保護水中原生植物和植被型態。

G. 加強河岸林木自然演替之保育與管理，以恢復自然生態機能。

H. 針對河岸保安林帶進行保護，以確保河岸防護之穩固。

I. 護岸設計應考量生物棲息之空間而採用生態工法。

J. 減少硬舖面及人為環境設施。

K 無法避免的硬體設施，如防洪牆等，可以複層植栽綠化方式，增加其生態功能並軟化其生硬感。

L. 可依此河段高灘地之條件，規劃多種遊憩活動。如騎自行車、慢跑、賞景、野餐和球類運動等。

M. 作為灌溉或排水溝渠之用，應去水泥化而多採用自然草溝或卵石及塊石乾砌。

(5)河口處：

A. 周邊土地使用型態應以相關法規及當地政府相關開發計畫為前提。

B. 透過土地使用分區管制方式，降低人為開發及遊憩活動，減少對河口生態之衝擊。

C. 防洪及水利設施，應以配合地區之水陸域生態環境進行整體規劃與設計。

D. 細部設計應以增加行水面積、降低堤岸高度及量體為原則。

E. 劃設堤防時，至少能留設綠帶及沿防汛道路之人行步道，以提供舒適的水岸活動空間。

F. 堤內之帶狀空間可透過都市計畫劃設為綠地進行綠美化。

G. 在配合防洪機制之前提下，應儘可能減少河道及河岸的整地範圍，並保留原有之孔穴、亂石堆，且避免干擾動植物棲地。

H. 河口既有之原生樹種及植被型態應予以保留，並加強在地原生植物之復育，以提供生物的食物來源及生存棲息空間。

I. 設置緩衝帶，以過濾地表逕流，並提供野生動植物棲息場所。

J. 避免過多的人工設施物，設施的材料以自然材質為主。

K. 加強生態保育區、生態解說相關設施等之設置；並確保相關保護措施監測之持續性。

7. 相關法規及標準

(1) 水利法：

第 78 條　河川區域種植規定。

(2) 河川管理辦法。

(3) 經濟部水利署水利工程技術規範。

參考文獻

1. 王小璘，2005，河川環境的生態復育，經濟部水利署。
2. 王小璘，2016，世界水域環境景觀規劃設計，臺中市政府水利局。
3. 王小璘，2016，都市藍帶規劃與韌性發展前瞻，亞洲園林大會暨第六屆園冶高峰論壇。
4. 汪靜明，1992，河川生態保育。自然科學博物館，臺中市，p.189。
5. 林獻川，2000，由景觀生態學觀點探討農業排水路之研究。
6. 全國法規資料庫
   https://law.moj.gov.tw/LawClass/LawAll.aspx?pcode=J0110029。
7. 河川生態系
   https://webmail.life.nthu.edu.tw>labtcs。
8. 社團法人臺灣濕地保護聯盟
   https://www.wetland.org.tw/。
9. 國立海洋生物博物館
   https://www.nmmba.gov.tw/。
10. 經濟部水利署，2007，水利工程技術規範——河川治理篇（上冊）。

11. 經濟部水利署，2013，水利工程技術規範——河川治理篇（下冊）。

12. 經濟部，2022，河川管理辦法。

(八) 圳路（Creek）

1. 圳路的定義

狹義的圳路通常指自然或人工建設的給排水設施。廣義的圳路包括水源地的集水區、水庫、河川、地下水流域和水道、河口及海岸等，用以導流之自然或人工設施。本節所指的圳路，係指一般道路之人工排水渠道、農用之灌溉水路和排水之人工溝渠及可供生物棲息之水道等。

2. 圳路的功能

⑴農作灌溉。

⑵家庭用水。

⑶旱災時利用圳路引水灌溉。

⑷大雨時可用來疏通排水控制水位。

⑸養殖魚蝦。

⑹物種棲息、覓食與繁衍之場所。

⑺地景上擔任自然與都市環境間之緩衝角色。

⑻以生態規劃為基礎之水域環境，可以發揮四生（生產、生活、生態、生命）的功能。

3. 系統規劃原則

⑴分析規劃範圍內，依空間與時間尺度串連而成的特殊型態，以瞭解區域環境特徵。

⑵找出區域內各圳路之使用類型，並依使用特性，規劃排水路配置及工法之應用。

⑶利用植物作為檢視環境媒介，獲取現地資訊。

⑷觀察所欲規劃之集水區地表型態特徵，作為設計之參考。

⑸調研區域植被型態，瞭解干擾和演替之來源。

⑹應用潛在植被，作為線性廊道物種棲息與遷移之生態環境。

4. 圳路設計原則

⑴維持渠道之彎曲度，以穩定水位之深淺並減緩流速。

⑵營造不同類型之水流型式和渠底地形之豐富度，作為底棲生物藏匿及產卵

之附著場所。

(3)以去水泥化手法，打開已被封閉的混凝土渠道，強化圳路的自然特質，避免生態廊道之阻隔及造成各種生物族群間之隔離。

(4)運用層疊方式鋪設蛇籠或石堆，利用木樁、石塊及植物穩定邊坡；改善垂直的混凝土渠岸，創造多樣性的水路斷面，提供物種的棲息與覓食機會。

(5)拋入石塊、石礫等自然材或加裝孔洞式凹巢，提供植物生長，形成群落，並營造多孔隙之水域，提供水棲昆蟲及魚類棲息場所。

(6)農用儲水池除了保持原有蓄水、灌溉功能之外，對於整體農村生態環境應扮演涵養水源、調節水流和生態復育等角色。

(7)種植適合的植物種類，利用其根系穩固渠岸土壤，以減少渠道水流或地表逕流對渠岸的沖蝕。

(8)利用複層植栽降低水溫，增加生物食物來源和棲息條件。

▌渠道彎曲可穩定水位並減緩流速

▌多孔隙的渠道環境可提供生物棲息

5. 圳路設計準則

(1)渠道：

A.增加渠道結構異質性，營造多樣之生物棲息空間。

B.渠道斷面多樣化，營造視覺美感。

C.使渠道成為水域與周遭陸域的聯絡廊道，增加兩棲生物之遷移空間。

D. 渠道採多重斷面，使枯水期圳路仍具有保水能力。

E. 水質惡化地區之渠道，能發揮水質淨化功能。

F. 渠道與周邊環境之友善設計，以增加在地居民親水、教育及娛樂等用途。

⑵護岸：

A. 保護圳路兩側之原生植物及植被型態，以穩定原有生態結構平衡，並儘可能增加其綠覆面積。

B. 邊坡設計避免過陡，考量動物的生態路徑及活動特性，增加水陸交錯帶（ecotone）範圍。

C. 搭配邊坡砌石，植生綠化，穩固護岸並淨化水質。

D. 設置緩衝綠帶，避免地表逕流造成土石流失。

E. 利用植生護岸，減少汙染物流入水圳。

F. 道路與圳路之間應有適當之綠帶。

圳路兩側之植被可穩定原有生態結構平衡

圳路旁砌石可穩固護岸

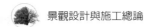

⑶渠底：

　A.利用現地透水性自然材料，創造「淵」、「瀨」、「跌水工」及「浮島」等地形變化，增加水流變化和含氧量。

　B.在鄉野及郊外地區視排水量狀況，以草溝或砌石溝為主。

　C.經過市鎮人口聚集地區可擇取混凝土溝或排水暗溝。

　D.配合道路邊坡排水，以砌石溝、草溝、植生袋或水泥溝為主。

　E.利用卵石塊石乾砌天然水道，以利透水。

　F.依不同的水深，種植原生之濕地、挺水、沉水及浮葉等植物，以防止土壤侵蝕、淨化水質、增加魚類和無脊椎動物棲息，並促進懸浮固體之沉降。

　G.利用當地石材或防腐木材作為親水棧道。

6. 相關法規及標準

⑴農田水利法。

⑵農田灌溉排水管理辦法。

⑶農田排水設計標準。

⑷農田灌溉排水管理要點。

參考文獻

1. 王小璘，2003，以生態設計觀點探討圳路系統的永續利用。生態系經營——永久樣區理論與實務探討研討會，行政院農業委員會林務局。

2. 內政部營建署，2022，市區道路及附屬工程設計規範（111 年 02 月修正版）。

3. 河馬教授網——農田水利圳路生態化

http://www.pathippo.net/eco-eng/farm/farm-1.htm。

(九) 生態池（Ecological Pools）

1. 生態池的定義

　　所謂生態池，是以人工方式構築「人工濕地」的環境，利用自然淨化機制及濕地內多樣化的生物成員，包括微生物及水生動植物，在人為控制下提升其淨化能力，達到廢汙水的處理目標，創造該成員共同生活的動態平衡之生態系統。因此，生態池所創造的水域環境，是野生生物匯集交流最豐富的地方，不論昆蟲、兩棲類、鳥類、哺乳類、魚蝦及各種水生植物，都會受到水的滋潤而繁殖。

2. 生態池的功能

⑴具有淨化水質的作用。

⑵具有調節水文的功能。

⑶具有景觀、教育及休閒的功能。

⑷具有保育的功能。

⑸提供動植物棲息及繁衍場所的功能。

3. 設計原則

⑴以生態工法建置水池。

⑵將水深、形狀、池底、池岸、生態島、池中堆置物、動植物、池水、日照等納入設計範圍。

⑶以低衝擊設計（LID）手法，減少耗能，並有效利用。

⑷使用當地且可回收的材料。

4. 設計準則

⑴位置及日照：

　A.水池的位置應有適中的日照，池面大部分面積每天應維持至少五小時的光照，以利動植物繁殖生長。

　B.避免太靠近高大建物或樹木。

⑵形狀：

　A.池邊 1～2 m 斜坡預留為推移帶及透水區。

　B.形狀應力求曲折多變化，避免平直工整。

⑶水深：

A.水深應以安全為主要考量，最深不超過 1 m，平均深度不超過 60 cm。

B.水深應有 10 ～ 60 cm 之深淺變化。

C.池中心區域保持 1 m 的深水區，讓魚類棲息過多。

(4)池底：

A.池底以黏土成分 40% 以上之土壤夯實成 60 ～ 80 cm 厚。

B.池底挖溝、堆石堆木、放置多孔隙材料，以營造深淺變化之地形。

(5)水源：

A.水源與水量應保持穩定清潔，且利用沉水馬達創造水循環再利用。

B.流動的水聲及噴霧對某些動物具有吸引力。

C.池中及池邊植物應視生長及競爭狀況作必要的調整。

(6)池岸：

A.池岸坡度應平緩，並以土壤、木材、石塊砌成，避免呈垂直的堤岸型態。

B.池岸邊坡應營造多孔性與變化性，以利生物隱蔽和棲息。

(7)植物：

A.依不同水深種植原生或在地之濕生、挺水、沉水及浮葉等植物，以淨化水質，提供魚類和無脊椎動物棲息，並促進懸浮固體之沉降。

B.池邊種植多樣化及誘蝶誘鳥之草生和地被植物、灌木及喬木。

C.池中設置直立之棲木，形成水陸兩棲動物之天然通路及水鳥駐足點。

D.池中生態小島，可種植多種植物。

(8)動物：

A.與區外有進水排水溝渠等自然廊道流通，以提供野生動物自然進入，並建立族群。

B.可適度放養原生物種的魚類、蟾蜍、蛙類及蜻蜓幼蟲等。

C.避免外來物種如福壽螺、巴西龜、琵琶鼠、藿香薊、昭和草、小花蔓澤蘭等之入侵。

(9)生態島：

A.池中設置數個緩坡且彎曲的生態島。

B.混合密植各種植物。

C.若空間有限，可利用竹筏代替。

秋紅谷生態池

蓋給鳥的豪宅（英國倫敦）

⑽池中堆置物：

A. 可放置枯木、石堆、枯竹。

B. 可設置直立的棲木。

C. 部分棲木可自岸上自然傾倒池中，供水棲昆蟲及魚蝦生存場所。

D. 棲木可形成水陸兩棲動物的天然通路及水鳥駐足之處。

⑾利用及保護：

A. 將水池分為利用區和保護區；利用區之使用行為應僅限於近水及臨水。

B. 一般保護區應占水池 1 / 3 以上，並禁止人為干擾或進入。

C. 保護區應讓野生動植物有適當的生育及隱蔽處所。

D. 親水利用區應考慮最大承載量問題，避免因過度利用而毀於一旦。

E. 親水區的利用通道應限於水池邊緣，切忌進入水池或切斷池面。

F. 使用上應有明確的利用目標及規劃，例如教學、物種蒐集與保存、展示等用途，避免成為使用率偏低的奢侈品或荒廢池。

⑿材料及工法：

A. 盡量使用當地好維護及可再利用之材料。

B. 採用簡單耐久之施工技術，以便損壞時一般民眾能自行修復及更換。

C. 營造多孔隙、多層次之生態環境。

▌生態池中設置小島，利用多樣性植栽增加生物　▌擁有許多自然且多樣物種的生態池
　棲地

5. 管理維護

　⑴移除入侵的外來種生物。

　⑵嚴格過濾及評估新引進之物種。

　⑶查明並儘速處理汙染源及汙染物質。

　⑷維持出入水道之暢通，並與其他濕地河川連結，形成生態廊道。

　⑸維持適當的水位，春夏季可設定常水位約 70 cm，旱季約 40 cm。

　⑹應有專人管理維護植物。

　⑺水面植物覆蓋率超過 30% 時，應酌予清除。

　⑻建立完整的生態池管理資料檔。

6. 相關法規及標準

　綠建築九大評估指標。

參考文獻

1.　王小璘，2006，景觀生態及節能設計，景觀生態與植生工程應用技術研討會，中華民國環境綠化協會。

2.　內政部營建署，2005，營造臺灣生態水池 ── 調查評估與規劃設計操作，手冊修訂版，內政部營建署，臺北市。

3. 內政部建築研究所，2007，綠建築標章。

4. 行政院農業委員會特有生物研究保育中心，2003，營造生意盎然的生態水池，歐樂實業股份有限公司。

(十) 水景（Water Features）

1. 水景在造園史上的應用

(1)中東：

　A.古埃及～非洲東北部尼羅河中下游地區的古代文明。

　　功能：蓄水行舟、調節炎熱氣候，實用重於觀賞。

　B.波斯帝國～多丘陵、沙漠及半沙漠性氣候。

　　功能：灌溉、波斯人的精神寄託。

　C.阿拉伯王國～回教庭園。

　　功能：涼意和視覺享受、宗教意識 —— 寓意「有水流經過，方能獲得幸
　　　　　福」。

(2)西方：

　A.希臘～西方文明的搖籃，地中海型氣候，夏乾冬雨。

　　功能：規則式水池，配植蔬果、雕塑為飾，兼具實用和觀賞。

　B.義大利～受希臘和波斯文化影響。多山的地形造就千變萬化的水景型式。

　　功能：水景的炫耀 —— 水流、水池、噴泉、壁泉、落水、瀑布、水梯
　　　　　（cascade）、水劇場、水風琴等，觀賞為主。

▋ 羅馬 Trevi 許願池

C. 法國～多平原的地形造就廣大平坦的水景。

功能：以凡爾賽宮為代表，內有水池、噴水池（14,000 個）、水花壇、水劇場、運河（長 5.57 km，水面 23 ha）。原為訓練水師之用，之後以觀賞為主。

D. 英國～受義、法影響，利用島國地形與氣候，引進東方思想。

功能：以湖泊為重心，水和樹為主要元素。

▌ 法國凡爾賽宮大噴水池

▌ 英國海德公園大水池

E. 美國～大熔爐的混合式。

功能：以賓州 Longwood Garden 為代表；有奇花異卉、各式水景和水生植物。

⑶東方：

A. 中國～自成體系，東方代表。

黃帝玄圃、周文王靈沼、近代圓明園：精神寄託、生命源流、生活情趣。

功能：北方昆明湖，約占頤和園面積之 77.2%，以玩賞、灌溉、防洪、防旱、水師操練為主，今為觀賞、遊憩等多功能水景。

南方杭州西湖，以灌溉、飲水為主。

B. 日本～唐宋以來，模仿中國；明治維新，接觸西方。

功能：意象表徵，如築山山水型，有假山、人工湖、水瀑布；露地平庭型，有象徵性之水面、沙灘、小島。

▌ 北京頤和園昆明湖　　　　　　　　▌ 日本枯山水

C.臺灣～目前尚無具體的水景型式分類系統。惟以傳統的生活環境型態而言，可以大略分為三大類型，未來或可據此分析其在常民生活與水的關係：

a. 以原住民族（蘭嶼達悟族）大船下水祭為特色文化代表。

b. 以客庄洗杉坑最具早期移民生活特色之一。

c. 以閩南園邸有廣大水池為傳統代表。

d. 以近三十年間形成的新住民多元文化特色：包括越南、印尼、港澳、菲律賓、泰國、柬埔寨等。

▌ 原住民族大船下水祭　　▌ 客家洗杉坑　　　　▌ 閩南園邸水池

(4)近代：受交通資訊傳播發達之影響，各國水景均走向國際化，如在型式上則呈現多元語彙；材料上，以砂石、土、水泥、磚、塑膠、布、金屬、玻璃纖維等，融入現代的聲、光、電、雷射及水霧效果。

2. 設計原則

(1)善用水的特性：

A.可塑性：隨容器之大小顏色、紋理和形狀而呈現不同的樣貌。

B.動態性：止水～引人陷入沉思、平靜情緒、寧靜安謐；如湖泊、池塘、
緩溪。

流水～具有位能，令人慷慨激昂；如急流、湍溪、瀑布。

C.水聲：依不同流量和形成而產生多種聲響，影響情緒，增添趣味。

～規則的節奏，安詳靜謐；如溪流。

～陣陣的怒吼，衝動亢奮；如瀑布。

D.映射：平靜時，清晰倒影周圍景物。

風吹時，色彩斑駁似抽象畫。

E.反應環境特色：

a. 地形：坡度越大、位能越高、流速越快、水聲越大，且具有沖蝕力。

b. 容器大小和形狀：水具流動性，由容器決定其形狀。水流在較寬的容
器或槽溝中較穩定；流過較窄的槽溝則產生渦流，流速亦較快。

F. 容器質感：在平滑的槽溝中較易流動而平靜；反之，則易產生渦流，流
速亦較慢。

G.溫度：水面～溫度降至 0℃以下，水的表面產生變化。

色彩～平靜的止水顏色深沉；結冰後，明亮耀眼。

質地～流動的水結冰後，表面呈刻鑿狀。

H.風：微風吹拂，掀起魚鱗般的波紋；強風吹襲，捲起朵朵浪花。

I. 光：流動時，光亮閃耀；靜止時，靜謐祥和。

(2)發揮水的功能：

A.飲用：人類及牲畜飲水。

B.灌溉：沙漠地區之主要功能，植物生存生長之必備條件。

C.生態：生物棲息、生存和繁衍場所。

D.調節氣候：調節空氣和地表溫度，具降溫效果。

E.減少噪音：利用落水或流水聲阻隔噪音，降低不適的聲響，營造寧靜氛
圍。

F. 美化生活：透過各種形式與效果，達到感官上的刺激。

G.提供娛樂：各種水上活動，達到運動休憩功能。

H.交通運輸：提供載人運貨功能。

▍ 香港河濱公園　　　　　　　　　　　▍ 千變萬化的清溪川

3. 設計準則

⑴水池設計：

　A.規則式：

　　a. 位置：基地中醒目的地點：如主要入口、建物正前方、道路交叉點、
　　　起點或終點。

　　b. 型式：以矩形、圓形、橢圓形最常見。

　　c. 比例：與基地環境面積、花壇、建物相配合。

　　d. 利用方式：

　　　⑴映出地上景物和天空雲彩：高聳建物應選長池；周圍地面應與水面
　　　　平行；池邊選用暗色調材質；水池應置於建物正前方。

　　　⑵展示水生動植物：陽光充足；避免在樹下或林木茂盛之處，水深至
　　　　少 45 cm。

　　　⑶以水池為主，於池中配置噴水：清澈見底的水為欣賞之主體。

　B.自然式：

　　a. 位置：基地中地勢較低、環境幽靜之處。

　　b. 元素：

　　　⑴石：堆砌池岸、假山、拋石、池中島，即使混凝土岸，亦須以樹石

　　　　掩飾。

　　　(b)植物：作為水面之境界和背景，取開花樹種、觀葉植物及有質感的
　　　　　優形樹之倒影。

　　c. 利用方式：

　　　(a)黑色的池底像一面可以映照的鏡子，並使水池有如森林中的池塘，
　　　　　引導人們進入自然的境界。

　　　(b)靜止的池水可以映照天空，並且將明亮帶回池面。

　　　(c)將經水磨蝕的石頭放在水中或水池邊緣，會使人們想起似曾相識的
　　　　　天然溪流與湖泊。

　　　(d)在瀑布中堆置突出的岩石，可產生自然之景象。

　　　(e)將水景設置於自然度較高之處。

　　　(f)放養魚類可以抑制池中蚊蟲孳生。

▌ 設置於庭園中心的噴水池　　　　　　　▌ 自然式的水池

(2)噴泉設計：

　A.位置：

　　a. 噴水式：基地中醒目的地點，如庭園中心、道路交叉點、主要建築物前、
　　　幾何式花壇中心、水池中央等。其噴頭位置可設於水池中、邊緣或池
　　　外。

　　b. 溢水式：基地中較隱蔽之處，如園內一角、路旁和道路盡頭。

　　c. 濺水式：可置於庭園內一角或隱蔽之處。

　B.噴頭位置和水柱高：

　　a. 噴頭位置：噴頭高出水面 3～5 cm，可大可小，亦可扭轉彎曲。

　　b. 水柱高：與水池寬度比，一般為 1：2～1：3。但應視風速大小適度調整。

C. 池身設計：

　　a. 需要保持一定的水位高度，並預留給水和溢水口及排水槽。

　　b. 補充自然蒸發的水量及循環系統用之蓄水池裝置。

　　c. 水池深度與水中馬達及照明有關。一般水中照明支架約 30 cm；上緣在水面 5～10 cm 深度，水深 50 cm 以上。

D. 排水管和溢水口配管：

　　a. 水管之配置及數量依總水量、管徑大小、水池清潔及給水時間而異。

　　b. 面積大的水池，溢水管之數量需增加，以保持一定的水位。

E. 噴水裝置之電源和照明：噴水使用的電源以 110 V 或 220 V 為主，大型噴水裝置宜採用 220 V；馬力大小與噴水數量及水量有關，應詳加計算。水中照明色彩顯現於燈泡或燈罩。

F. 音樂噴泉：由專業技師協助裝設。

▍ 水柱高度視風速而定

▍ 巧思的水柱令人驚豔（新加坡聖淘沙）

▍ 安靜的角落富有禪意的水景（新加坡聖淘沙）

▎步行中與小噴泉邂逅（英國庭園）　　　　▎噴泉水梯構成複合式水景（美國舊金山）

(3)水幕牆設計：

　　A.位置：依附在建築物上或獨立設置。

　　B.設計原理：依照空氣自然分解水分子原理設計而成人工瀑布。

　　C.功能：

　　　　a. 以緩慢的流水速度，營造水幕意境。

　　　　b. 以快速的流水速度，營造瀑布飛流直下的滂沱效果。

　　　　c. 透過流水張力原理，使水流橫向延伸，強化景觀視覺效果。

　　　　d. 透過各種水幕型式，達到不同的感官體驗。

　　　　e. 經由落水和濺起的水花，達到降溫的效果。

　　D.種類：

　　　　a. 依材料可分為石材、金屬鋼網、吊線、玻璃纖維、壓克力、樹脂、合成樹脂、水泥複合等；其中石材有機刨石、千層石、假山石、大理石、砂岩等。

　　　　b. 依型式可分為水簾式、吊線式、水梯式、流水噴泉式、流水魚池式、假山流水式等。

　　E.設計原則：

　　　　a. 考量空間環境特質，選擇適當材質、型式及位置。

　　　　b. 考量環境空間比例大小，規劃適當水幕牆體及型式。

　　　　c. 評估所欲達成的氛圍及效果。

　　F. 設計準則：

　　　　a. 控制適當水量及流速。

b. 需有嚴密的防水層、防漏層及保護層。

c. 控制水泵產生的噪音。

d. 流水魚池式應依照魚類生長環境布設必要的設施、設備及水草。

e. 玻璃材質易生水垢,須加裝過濾系統。

f. 配置燈光設備,須避免投射光及炫光對周遭的視覺影響。電源線須設於隱蔽處,以免發生公安事故及影響觀賞效果。

▌ 人造的假山水景（香港）　　　　▌ 動態的瀑布與寧靜的綠牆形成強烈的對比（美國洛杉磯）

(4)水景添飾物:

A. 植物:

　a. 功能:

　　(a)水中或水岸植物可與藻類競爭陽光和養分,而抑制藻類孳生。

　　(b)浮葉植物的花朵供人欣賞,葉片遮住部分水面,減少陽光直射,減低池底與池面及晝夜溫差,有利魚類健康成長。

　　(c)浮水植物的根可吸收水中過多的養分,避免藻類過份繁殖而破壞水池生態平衡。

　b. 種植原則:

　　(a)生長快速的植物（如香蒲等）應種植在塑膠容器中,且埋入靠近水池的土壤中。

(b)有水生植物之水深約 60 ～ 80 cm。

(c)保持至少 2 / 3 的水面不被任何植物或其他物體所覆蓋,以映照天空及四周環境。

(d)栽植蒼翠茂盛的闊葉植物,如玉簪、羊齒植物等,以收蔭薄之效。

B. 魚類:

　　a. 功能:供觀賞之用,並有助於水池生態平衡。

　　b. 種類:金魚、錦鯉魚等;另可加入少數田螺或垃圾魚,吃食腐敗植物。

　　c. 有魚類之水深約 80 cm。

C. 雕塑:

　　a. 功能:裝飾。

　　b. 材料:石、大理石、青銅、玻璃纖維、不鏽鋼、混凝土等。

　　c. 風格造型:古典或現代。

D. 燈光:

　　a. 功能:照明、點綴、倒影、氣氛等。

　　b. 種類:水底燈、水面燈、投射燈。

　　c. 自然與科技結合的極致表徵。

4. 建築空間水景處理方法

(1)襯托手法:利用水面襯托庭院,池面倒影增添空間環境之氣氛。

(2)對比手法:利用水體與建築空間在型態上與動態上之對比,打破人為建物生硬感,增加空間環境之趣味性。

(3)借聲手法:借用水聲激發人們之聯想,使建築空間增添意境色彩,並予人音樂美之饗宴。

(4)點色手法:萬物之色,水色最美,亦最富於變化。四周建築包圍的中庭,一片瀑布或一縷石泉,均可達到點色效果。

(5)光影手法:水面本身的波光,景物在水面的倒影及波光的反射是建築空間之光影三態,透過適當的處理與安排,可以營造不同之氛圍和意境。

(6)貫通手法:利用地形高差使瀑布由廊榭跌落庭院,或將細細水流由庭院引入室內,使水景貫通室內外空間。

(7)隱藏手法:利用藏源引人循流追源,引流使水體在空間中逐步展開,使水面聚合得體、水體空間更具深度。

| 水柱成為園中主景（新加坡） | 水面上的倒影營造空間之氛圍和意境 |

5. 水景的維護管理

⑴噴泉水池：

A.附有噴泉的水池：

a. 一般較少養動植物，池水易於保持清澈；若水中長有藻類或苔類，使池水變綠，可在水中加氯殺除。

b. 噴泉的水若不循環使用，直接引用自來水，則因水中含有氯，並具有較大的流動性，使池水容易保持清潔。但每隔半年至一年應將池水放乾刷洗一次，清除附著在噴泉上的汙物，同時檢查池底、池壁有無裂縫；如有裂縫，應立即修補，待修補的混凝土完全乾涸後再行使用。

B.養殖植物和魚禽鳥龜的水池：

a. 至少每年換水清洗一次，同時藉此機會檢查水池有無裂縫，以便及時修補。

b. 視水生植物之生長情形，控制其蔓延範圍，避免占滿整個池面，否則不僅雜亂不雅，且因陽光被葉片遮擋，氧氣無法溶入水中，池中魚類將無法生存。

c. 水池中的枯枝敗葉、動物殘骸、排泄物及其他有機物等，因氣溫高而加速分解，使池水變臭，水面飄浮著厚厚海綿狀之綠色浮游藻苔類；此時應將植物和魚龜取出，再以清水沖洗數次，才可繼續使用。

d. 黏土的土池，無需刷洗，只需使其乾涸一段時間即可。

⑵溪流、瀑布和水幕牆：

A.溪流、瀑布水面較淺，若有裂縫或岩石鬆動，應立即予以修補。裂縫修補應先關閉水源，將水排乾；修補後需等混凝土完全乾涸，才可繼續使用。

B.流速較緩的溪流，容易使泥沙淤積；若情況嚴重，可能形成死水，必須停止使用，並清除淤泥、洗刷溪床，須注意有無裂縫、岩石是否鬆動，而作及時的修補與整治。

C.假山流水式水幕牆若有裂縫或石塊鬆動，應立即予以修補與整治；其方法可參照溪流和瀑布。

6. 相關法規及標準

新市鎮及縣市政府都市設計審議規範。

參考文獻

1. 王小璘，1997，水景之設計與實務，中華民國經濟發展研究院景觀設計管理師專修班，(L2-8):1-10。
2. 內政部營建署，淡海新市鎮特定區計畫都市設計審議規範。
3. 勞動力發展署全國資訊網
   https://www.wda.gov.tw。

筆記欄

08

各類環境景觀植物種類
（Landscape Plant Species of
Various Types）

名詞定義

（一）喬木（Trees）：具有明顯單一主幹，且在胸高以上始出現分枝，樹冠具有一定之型態，株高多 5 m 以上之植物。

（二）灌木（Shrubs）：不具明顯主幹，近地面低處即行分枝或多數枝幹，樹冠不定型，株高多 5 m 以下之植物。

（三）地被植物（Groundcovers）：可以將地表被覆，使泥土不致裸露，株高約 60 cm 以下，其莖葉密佈生長，並具有蔓性特性之植物。其型態一般有直立、匍匐、橫展、懸垂、叢生等。

（四）蔓藤植物（Climbers and Vines）：莖、枝幹容易伸長而不能獨立，必須藉蔓莖纏繞、攀附或氣生根吸附，且需人為幫助方能固持而定型，甚至匍匐地面才能正常生長之植物；其中包括草本蔓性植物及木本蔓性植物。

（五）草本植物（Herbaceous Plants）：莖枝未木質化而屬草質性之植物。

（六）誘蝶誘鳥植物（Butterfly and Bird-attracting Plants）：花蜜、果實或種子可供為鳥餌之植物，及花蜜、葉子可供為蝴蝶蜜源和食草之植物。

（七）椰子類植物（Palm Trees）：泛指單子葉植物綱中之棕櫚科植物。

（八）多肉植物（Succulent Plants）：凡植物之莖、葉肥厚多汁而耐乾燥之植物。

（九）水生植物（Water Plants）：泛指生活在水域，除了浮游生物以外，所有植物的總稱。

　　因中名、俗名、別名等名稱常有混淆之虞，乃以中名及拉丁名分別列出每一種植物之學名及科名，以利辨識。

　　又，「因地制宜」是景觀設計的最高原則，而植物在食物鏈（food chain）位

於生態金字塔（Ecological Pyramid）最底層（Botton of the Pyramid, BOP）（亦稱為第一級營養級）屬於初級生產者（Primary Producer），在生態系統之能量傳遞扮演重要的任務。因此，即便每一種植物在景觀應用上皆有多方面的角色和功能，其在選種種植時仍須考慮其生態位（ecological niche），包含生態的、文化的、美學的、……，才能發揮植栽計畫的最大效益，同時兼具植物本體的永續保全。

本單元所指各類環境景觀植物包含 1. 防火植物；2. 耐旱植物；3. 耐風植物；4. 耐鹽植物；5. 耐空氣汙染植物；6. 誘蝶誘鳥植物及 7. 水生植物等七大類。

▌ 表 8-1　防火植物種類一覽表

學名（含中名及拉丁名）	科名（含中名及拉丁名）
喬木類（Trees）	
常綠喬木（Evergreen Trees）	
大葉山欖 *Palaquium formosanum*	山欖科 Sapotaceae
大頭茶 *Gordonia axillaris*	山茶科 Theaceae
木荷 *Schima superb*	山茶科 Theaceae
木麻黃 *Casuarina equisetifolia*	木麻黃科 Casuarinaceae
毛柿 *Diospyros discolor*	柿樹科 Ebenaceae
白千層 *Melaleuca leucadendra*	桃金孃科 Myrtaceae
印度橡膠樹 *Ficus elastica*	桑科 Moraceae
血桐 *Macaranga tanarius*	大戟科 Euphorbiaceae
杜英 *Elaeocarpus sylvestris* var. *sylvestris*	椴樹科 Tiliaceae
茄苳 *Bischofia javanica* Blume	大戟科 Euphorbiaceae
青剛櫟 *Cyclobalanopsis glauca*	殼斗科 Fagaceae
紅楠 *Machilus thunbergii*	樟科 Lauraceae
紅豆杉 *Taxus chinensis*	紅豆杉科 Taxaceae
珊瑚樹 *Viburnum odoratissimum*	忍冬科 Caprifoliaceae
柑橘 *Citrus* spp.	芸香科 Rutaceae
厚皮香 *Ternstroemia gymnanthera*	椴樹科 Tiliaceae
相思樹 *Acacia confusa*	含羞草科 Mimosaceae
烏心石 *Michelia formosana*	木蘭科 Magnoliaceae
黃連木 *Pistacia chinensis* Bunge	漆樹科 Anacardiaceae
黑板樹 *Alstonia scholaris* (L.) R. Br.	夾竹桃科 Apocynaceae
福木 *Garcinia subelliptica*	藤黃科 Clusiaceae
楊梅 *Myrica rubra*	楊梅科 Myricaceae
榕樹 *Ficus microcarpa*	桑科 Moraceae
樟樹 *Cinnamomum camphora*	樟科 Lauraceae
濕地松 *Pinus elliottii*	松科 Pinaceae

龍柏 *Juniperus chinensis* cv. 'kaizuka'	柏科 Cupressaceae
鵝掌柴 *Schefflera octophylla*	五加科 Araliaceae
瓊崖海棠 *Calophyllum inophyllum*	藤黃科 Guttiferae
鐵冬青 *Ilex rotunda*	冬青科 Aquifoliaceae
落葉喬木（Deciduous Trees）	
小葉桑 *Morus australis* Poir.	桑科 Moraceae
木棉 *Bombax ceiba*	木棉科 Bombacaceae
光臘樹 *Fraxinus griffithii* C. B. Clarke	木犀科 Oleaceae
朴樹 *Celtis sinensis*	榆科 Ulmaceae
油桐 *Aleurites fordii*	大戟科 Euphorbiaceae
泡桐 *Paulownia fortunei*	玄參科 Scrophulariaceae
苦楝 *Melia azedarach*	楝科 Meliaceae
刺槐 *Robinia pseudoacacia*	蝶形花科 Fabaceae
垂柳 *Salix babylonica*	楊柳科 Salicaceae
落葉松 *Larix gmelinii*	松科 Pinaceae
榔榆 *Ulmus parvifolia*	榆科 Ulmaceae
緬梔（雞蛋花）*Plumeria acutifolia*	夾竹桃科 Apocynaceae
銀杏 *Ginkgo biloba*	銀杏科 Ginkgoaceae
楓香 *Liquidambar formosana*	金縷梅科 Hamamelidaceae
鳳凰木 *Delonix regia* (Bojer) Raf.	蝶形花科 Fabaceae
構樹 *Broussonetia papyrifera*	桑科 Moraceae
灌木類（Shrubs）	
常綠灌木（Evergreen Shrubs）	
十大功勞 *Mahonia japonica*	小蘗科 Berberidaceae
三角霸王鞭 *Euphorbia trigona*	大戟科 Euphorbiaceae
大葉黃楊 *Euonymus japonicus* Thunb.	衛矛科 Celastraceae
山桂花 *Osmamthus japonica*	紫金牛科 Myrsinaceae
日本女貞 *Ligustrum japonicum*	木犀科 Oleaceae
百里香 *Thymus mongolicus* Ronn	唇形科 Lamiaceae
杜鵑 *Rhododendron hybrid*	杜鵑花科 Ericaceae
含笑花 *Michelia fuscata*	木蘭科 Magnoliaceae
金露花 *Duranta repens* L.	馬鞭草科 Verbenaceae
油茶（苦茶）*Camellia oleifera*	山茶科 Theaceae
茶樹 *Camellia sinensis*	山茶科 Theaceae
柃木 *Eurya japonica*	山茶科 Theaceae
馬纓丹 *Lantana camara*	馬鞭草科 Verbenaceae
海桐 *Pittosporum tobira* Ait.	海桐科 Pittosporaceae
鼠尾草 *Salvia japonica*	唇形科 Lamiaceae
龍舌蘭 *Agave americana*	龍舌蘭科 Agavaceae
鵝掌藤 *Schefflera arboricola*	五加科 Araliaceae

變葉木 *Codiaeum variegatum*	大戟科 Euphorbiaceae
蔓藤植物（Climbers and Vines）	
凌霄花 *Campsis grandiflora*	紫葳科 Bignoniaceae
常春藤 *Hedera helix*	五加科 Araliaceae
草本植物（Herbaceous Plants）	
玉簪 *Hosta plantaginea*	百合科 Liliaceae
百子蓮 *Agapanthus; L'Hér.*	石蒜科 Amaryllidaceae
非洲鳶尾 *Dietes vogeta*	鳶尾科 Iridaceae
薰衣草 *Lavandula angustifolia*	唇形科 Lamiaceae
椰子類植物（Palm Trees）	
臺灣海棗 *Phoenix hanceana*	棕櫚科 Arecaceae

▌ 表 8-2　耐旱植物種類一覽表

學名（含中名及拉丁名）	科名（含中名及拉丁名）
喬木類（Trees）	
常綠喬木（Evergreen Trees）	
土樟 *Cinnamomum reticulatum*	樟科 Lauraceae
大葉山欖 *Palaquium formosanum*	山欖科 Sapotaceae
大葉桃花心木 *Swietenia macrophylla*	楝科 Meliaceae
大葉桉 *Eucalyptus robusta* Smith	桃金孃科 Myrtaceae
大頭茶 *Gordonia axillaris*	山茶科 Theaceae
小梗木薑子 *Litsea hypophaea*	樟科 Lauraceae
小葉赤楠 *Syzygium buxifolium* Hook. & Arn.	桃金孃科 Myrtaceae
小葉南洋杉 *Araucaria heterophylla*	南洋杉科 Araucariaceae
小葉榕 *Ficus microcarpa* var. *pusillifolia*	桑科 Moraceae
山柚 *Champereia manillana*	山柚科 Opiliaceae
山黃梔 *Gardenia jasminoides* Ellis	茜草科 Rubiaceae
山欖 *Pouteria obovata*	山欖科 Sapotaceae
日本女貞 *Ligustrum japonicum*	木犀科 Oleaceae
日本黑松 *Pinus thunbergii*	松科 Pinaceae
木麻黃 *Casuarina equisetifolia*	木麻黃科 Casuarinaceae
毛柿 *Diospyros discolor*	柿樹科 Ebenaceae
水黃皮 *Pongamia pinnata*	蝶形花科 Fabaceae
火焰木 *Spathodea campanulata*	紫葳科 Bignoniaceae
火筒樹 *Leea guineensis* G. Don	火筒樹科 Leeaceae
牛樟 *Cinnamomum kanehirae*	樟科 Lauraceae
臺東火刺木 *Pyracantha koidzumii* (Hayata) Rehd.	薔薇科 Rosaceae
臺灣五葉松 *Pinus morrisonicola* Hayata	松科 Pinaceae
臺灣赤楠 *Syzygium formosanum* (Hayata) Mori	桃金孃科 Myrtaceae

臺灣海桐 *Pittosporum pentandrum*	海桐科 Pittosporaceae
臺灣樹蘭 *Aglaia formosana*	楝科 Meliaceae
白千層 *Melaleuca leucadendra*	桃金孃科 Myrtaceae
白雞油 *Fraxinus formosana*	木犀科 Oleaceae
石栗 *Aleurites moluccana*	大戟科 Euphorbiaceae
印度橡膠樹 *Ficus elastica*	桑科 Moraceae
吉貝 *Ceiba pentandra* (L.) Gaertn.	木棉科 Bombacaceae
竹柏 *Nageia nagi* (Thunb.) O. Ktze.	羅漢松科 Podocarpaceae
耳莢相思樹 *Acacia auriculiformis*	含羞草科 Mimosaceae
血桐 *Macaranga tanarius*	大戟科 Euphorbiaceae
夾竹桃 *Nerium indicum*	夾竹桃科 Apocynaceae
油茶（苦茶）*Camellia oleifera*	山茶科 Theaceae
直幹相思樹 *Acacia mangium*	含羞草科 Mimosaceae
肯氏南洋杉 *Araucaria cunninghamii* D. Don.	南洋杉科 Araucariaceae
金葉黃槐 *Cassia bicapsularis* L.	蘇木科 Caesalpiniaceae
金龜樹 *Pithecellobium dulce* (Roxb.) Benth	含羞草科 Mimosaceae
青剛櫟 *Cyclobalanopsis glauca*	殼斗科 Fagaceae
厚皮香 *Ternstroemia gymnanthera*	椴樹科 Tiliaceae
厚葉榕 *Ficus microcarpa* var. *crassifolia*	桑科 Moraceae
垂榕 *Ficus benjamina*	桑科 Moraceae
春不老 *Ardisia squamulosa* Presl	紫金牛科 Myrsinaceae
洋玉蘭 *Magnolia grandiflora*	木蘭科 Magnoliaceae
洋紫荊（紫羊蹄甲）*Bauhinia purpurea*	蘇木科 Caesalpiniaceae
珊瑚樹 *Viburnum odoratissimum*	忍冬科 Caprifoliaceae
相思樹 *Acacia confusa*	含羞草科 Mimosaceae
紅千層 *Callistemon citrinus*	桃金孃科 Myrtaceae
茄苳 *Bischofia javanica* Blume	大戟科 Euphorbiaceae
旅人蕉 *Ravenala madagascariensis*	旅人蕉科 Strelitziaceae
書帶木 *Clusia rosea*	藤黃科 Clusiaceae
桃花心木 *Swietenia mahagoni*	楝科 Meliaceae
海茄苳 *Avicennia marina*	馬鞭草科 Verbenaceae
海檬果 *Cerbera manghas*	夾竹桃科 Apocynaceae
琉球女貞 *Ligustrum liukiuense* Koidz.	木犀科 Oleaceae
蚊母樹 *Distylium racemosum*	金縷梅科 Hamamelidaceae
馬拉巴栗 *Pachira macrocarpa*	木棉科 Bombacaceae
側柏 *Thuja orientalis*	柏科 Cupressaceae
軟毛柿 *Diospyros eriantha*	柿樹科 Ebenaceae
雪松 *Cedrus deodara*	松科 Pinaceae
傅園榕 *Ficus microcarpa* L. f. var. *fuyuensis* Liao	桑科 Moraceae
森氏紅淡比 *Cleyera japonica* Thunb. var. *morii*	山茶科 Theaceae

椬梧 *Elaeagnus oldhamii* Maxim	胡頹子科 Elaeagnaceae
港口木荷 *Schima superba* Gard. & Champ. var. *kankaoensis*	山茶科 Theaceae
番石榴 *Psidium guajava*	桃金孃科 Myrtaceae
象牙樹 *Diospyros ferrea*	柿樹科 Ebenaceae
象腳樹 *Moringa thouarsii*	辣木科 Moringaceae
黃花夾竹桃 *Thevetia peruviana* (Pers.) K. Schum.	夾竹桃科 Apocynaceae
黃金榕 *Ficus microcarpa* L. f. cv. ‘Golden Leaves’	桑科 Moraceae
黃連木 *Pistacia chinensis* Bunge	漆樹科 Anacardiaceae
黃槿 *Hibiscus tiliaceus*	錦葵科 Malvaceae
稜果榕 *Ficus septica* Burm. f.	桑科 Moraceae
葛塔德木 *Guettarda speciosa*	山欖科 Sapotaceae
榕樹 *Ficus microcarpa*	桑科 Moraceae
福木 *Garcinia subelliptica*	藤黃科 Clusiaceae
臺東蘇鐵 *Cycas taitungensis*	蘇鐵科 Cycadaceae
銀葉樹 *Heritiera littoralis* Dryand.	梧桐科 Sterculiaceae
銀樺 *Grevillea robusta*	山龍眼科 Proteaceae
樟樹 *Cinnamomum camphora*	樟科 Lauraceae
蓮葉桐 *Hernandia nymphaeifolia*	蓮葉桐科 Hernandiaceae
魯花樹 *Scolopia oldhamii*	大風子科 Flacourtiaceae
龍柏 *Juniperus chinensis* cv. ‘kaizuka’	柏科 Cupressaceae
龍眼 *Euphoria longana*	無患子科 Sapindaceae
檄樹 *Morinda citrifolia*	茜草科 Rubiaceae
檉柳 *Tamarix aphylla*	檉柳科 Tamaricaceae
濕地松 *Pinus elliottii*	松科 Pinaceae
闊葉蘇鐵 *Zamia furfuracea*	蘇鐵科 Cycadaceae
穗花棋盤腳 *Barringtonia racemosa*	碁盤腳科 Barringtoniaceae
錫蘭橄欖 *Elaeocarpus serratus*	椴樹科 Tiliaceae
檸檬桉 *Eucalyptus citriodora*	桃金孃科 Myrtaceae
瓊崖海棠 *Calophyllum inophyllum*	藤黃科 Guttiferae
羅漢松 *Podocarpus macrophyllus*	羅漢松科 Podocarpaceae
蘇鐵 *Cycas revoluta*	蘇鐵科 Cycadaceae
蘭嶼海桐 *Pittosporum moluccanum*	海桐科 Pittosporaceae
蘭嶼烏心石 *Michelia compressa* var. *lanyuensis*	木蘭科 Magnoliaceae
蘭嶼樹杞 *Ardisia elliptica*	紫金牛科 Myrsinaceae
蘭嶼瓊崖海棠 *Calophyllum changii*	藤黃科 Clusiaceae
蘭嶼蘋婆 *Sterculia ceramica*	梧桐科 Sterculiaceae
鐵冬青 *Ilex rotunda*	冬青科 Aquifoliaceae
落葉喬木（Deciduous Trees）	
九芎 *Lagerstroemia subcostata*	千屈菜科 Lythraceae
大花紫薇 *Lagerstroemia speciosa*	千屈菜科 Lythraceae

大葉合歡 *Albizia lebbeck*	含羞草科 Mimosaceae
小葉桑 *Morus australis* Poir.	桑科 Moraceae
臺灣山芙蓉 *Hibiscus taiwanensis* Hu	錦葵科 Malvaceae
山櫻花（緋寒櫻）*Prunus campanulata* Maxim.	薔薇科 Rosaceae
木棉 *Bombax ceiba*	木棉科 Bombacaceae
水柳 *Salix warburgii*	楊柳科 Salicaceae
火焰木 *Spathodea campanulata*	紫葳科 Bignoniaceae
卡鄧伯木 *Anthocephalus chinensis*	茜草科 Rubiaceae
臺灣石楠 *Pourthiaea lucida*	薔薇科 Rosaceae
臺灣欒樹 *Koelreuteria formosana*	無患子科 Sapindaceae
光臘樹 *Fraxinus griffithii* C. B. Clarke	木犀科 Oleaceae
印度紫檀 *Pterocarpus indicus* Willd.	蝶形花科 Fabaceae
印度黃檀 *Dalbergia sissoo*	蝶形花科 Fabaceae
羊蹄甲 *Bauhinia variegata*	蘇木科 Caesalpiniaceae
刺桐 *Erythrina variegata* var. *orientalis*	蝶形花科 Fabaceae
雨豆樹 *Samanea saman*	含羞草科 Mimosaceae
青楓 *Acer serrulatum* Hayata	楓樹科 Aceraceae
垂柳 *Salix babylonica*	楊柳科 Salicaceae
恆春厚殼樹 *Ehretia resinosa*	紫草科 Boraginaceae
流蘇 *Chionanthus retusus*	木犀科 Oleaceae
珊瑚刺桐 *Erythrina corallodendron* L.	蝶形花科 Fabaceae
紅花緬梔 *Plumeria rubra*	夾竹桃科 Apocynaceae
苦楝 *Melia azedarach*	楝科 Meliaceae
砲彈樹 *Couroupita guianensis*	玉蕊科 Lecythidaceae
臭娘子 *Premna obtusifolia*	馬鞭草科 Verbenaceae
梧桐 *Firmiana simplex* (L.) W. F. Wight	梧桐科 Sterculiaceae
第倫桃 *Dillenia indica*	第倫桃科 Dilleniaceae
雀榕 *Ficus superba* (Miq.) Miq. var. *japonica* Miq.	桑科 Moraceae
麻瘋樹 *Jatropha curcas*	大戟科 Euphorbiaceae
無患子 *Sapindus mukorossi* Gaertn.	無患子科 Sapindaceae
裂葉蘋婆（掌葉蘋婆）*Sterculia foetida* L.	梧桐科 Sterculiaceae
黃槐 *Cassia surattensis* Burm. f.	蘇木科 Caesalpiniaceae
楓香 *Liquidambar formosana*	金縷梅科 Hamamelidaceae
榔榆 *Ulmus parvifolia*	榆科 Ulmaceae
落羽松 *Taxodium distichum*	松科 Pinaceae
過山香 *Clausena excavata*	芸香科 Rutaceae
鳳凰木 *Delonix regia* (Bojer) Raf.	蝶形花科 Fabaceae
構樹 *Broussonetia papyrifera*	桑科 Moraceae
銀合歡 *Leucaena leucocephala*	含羞草科 Mimosaceae
緬梔（雞蛋花）*Plumeria acutifolia*	夾竹桃科 Apocynaceae

藍花楹 *Jacaranda acutifolia*	紫葳科 Bignoniaceae
蟲屎 *Melanolepis multiglandulosa*	大戟科 Euphorbiaceae
櫸樹 *Zelkova serrata*	榆科 Ulmaceae
鐵刀木 *Cassia siamea* Lam.	蘇木科 Caesalpiniaceae
欖仁 *Terminalia catappa* L.	使君子科 Combretaceae
灌木類（Shrubs）	
常綠灌木（Evergreen Shrubs）	
人參榕 *Ficus microcarpa*	桑科 Moraceae
十子木 *Decaspermum gracilentum*	桃金孃科 Myrtaceae
三角龍舌蘭 *Agave decipiens*	龍舌蘭科 Agavaceae
大葉黃楊 *Euonymus japonicus* Thunb.	衛矛科 Celastraceae
大麒麟 *Euphorbia keysii*	大戟科 Euphorbiaceae
小葉厚殼樹 *Ehretia microphylla*	紫草科 Boraginaceae
小葉軟枝黃蟬（半蔓性）*Allamanda cathartica* cv. 'Nanus'	夾竹桃科 Apocynaceae
小實女貞 *Ligustrum sinense* Lour.	木犀科 Oleaceae
山茉莉 *Clerodendrum phlloppinum*	馬鞭草科 Verbenaceae
五爪木 *Osmoxylon lineare*	天南星科 Araceae
六月雪 *Serissa serissoides* (DC.) Druce	茜草科 Rubiaceae
月橘（七里香）*Murraya paniculata* (L.) Jacq.	芸香科 Rutaceae
木芙蓉 *Hibiscus mutabilis*	錦葵科 Malvaceae
王蘭類 *yucca* spp.	龍舌蘭科 Agavaceae
仙丹花 *Ixora chinensis* Lam.	茜草科 Rubiaceae
卡利撒 *Carissa grandiflora*	夾竹桃科 Apocynaceae
臺灣山桂花 *Maesa tenera*	紫金牛科 Myrsinaceae
四葉黃槐 *Cassia fruticosa*	蘇木科 Caesalpiniaceae
田代氏石斑木 *Rhaphiolepis indica* (L.) Lindl. *ex* Ker var. *tashiroi* Hayata	薔薇科 Rosaceae
白水木 *Messerschmidia argentea*	紫草科 Boraginaceae
白珊瑚 *Adhatoda vasica*	爵床科 Acanthaceae
白珍珠福祿桐 *Polyscias guilfoylei* cv. 'Quinquefolia Variegata'	五加科 Araliaceae
白紙扇 *Mussaenda philippica* cv. 'Aurorae'	茜草科 Rubiaceae
白飯樹 *Securinega virosa*	大戟科 Euphorbiaceae
白磁爐 *Agave lechuguilla*	龍舌蘭科 Agavaceae
白緣龍舌蘭 *Agave angustifolia* cv. 'Marginata'	龍舌蘭科 Agavaceae
石斑木 *Rhaphiolepis indica*	薔薇科 Rosaceae
立鶴花 *Thunbergia erecta*	爵床科 Acanthaceae
交趾衛矛 *Euonymus cochinchinensis*	衛矛科 Celastraceae
朱槿 *Hibiscus rosa-sinensis*	錦葵科 Malvaceae
朱蕉類（紅竹）*Cordyline* spp.	龍舌蘭科 Agavaceae
灰木 *Symplocos paniculata*	灰木科 Symplocaceae

竹節蓼 *Homalocladium platycladum*	蓼科 Polygonaceae
竹蕉類 *Dracaena*	龍舌蘭科 Agavaceae
血萼花（紅葉金花）*Mussaenda erythrophylla*	茜草科 Rubiaceae
杜虹花 *Callicarpa formosana*	馬鞭草科 Verbenaceae
刺黃果 *Carissa congesta*	夾竹桃科 Apocynaceae
東方馬茶花 *Tabernaemontana orientalis*	夾竹桃科 Apocynaceae
林投 *Pandanus tectonus*	露兜樹科 Pandanaceae
狀元紅（臺灣火刺木）*Pyracantha koidzumii*	薔薇科 Rosaceae
直立龍鬚蘭 *Agave stricta* 'Salm-Dyck'	龍舌蘭科 Agavaceae
虎尾蘭類 *Sansevieria* spp.	龍舌蘭科 Agavaceae
金公主垂榕 *Ficus benjamina* cv. 'Golden Princess'	桑科 Moraceae
金平氏冬青 *Ilex triflora* var. *kanehirai*	冬青科 Aquifoliaceae
金蕨福祿桐 *Polyscias filicifolia* cv. 'Golden Prince'	五加科 Araliaceae
長壽花 *Kalanchoe blossfeldiana*	景天科 Crassulaceae
勁葉龍舌蘭 *Agave neglecta*	龍舌蘭科 Agavaceae
南美朱槿 *Malvaviscus arboreus*	錦葵科 Malvaceae
南美紫茉莉（九重葛）*Bougainvillea spectabilis* Willd.	紫茉莉科 Nyctaginaceae
厚葉石斑木 *Rhaphiolepis indica* var. *umbellata* (Thunb.) Ohashi H.	薔薇科 Rosaceae
厚葉龍舌蘭 *Agave victoriae-reginae*	龍舌蘭科 Agavaceae
威氏鐵莧（紅葉鐵莧）*Acalypha wilkesiana*	大戟科 Euphorbiaceae
柃木 *Eurya japonica*	山茶科 Theaceae
洋紫荊（紫羊蹄甲）*Bauhinia purpurea*	蘇木科 Caesalpiniaceae
紅刺露兜樹 *Pandanus utilis*	露兜樹科 Pandanaceae
紅花月桃 *Alpinia purpurata* (Vieill.) K. Schum.	薑科 Zingiberaceae
紅花玉芙蓉 *Leucophyllum frutescens*	玄參科 Scrophulariaceae
紅花石斑木 *Rhaphiolepis indica* 'Enchantress'	薔薇科 Rosaceae
紅雀珊瑚 *Pedilanthus tithymaloides*	大戟科 Euphorbiaceae
苦檻藍 *Myoporum bontioides*	桃金孃科 Myrtaceae
苦藍盤（蔓性）*Clerodendrum inerme*	馬鞭草科 Verbenaceae
海桐 *Pittosporum tobira* Ait.	海桐科 Pittosporaceae
狹葉十大功勞 *Mahonia fortunei*	小蘗科 Berberidaceae
粉白羊蹄甲 *Bauhinia purpurea* cv. 'Alba'	蘇木科 Caesalpiniaceae
粉葉金花 *Mussaenda hybrida* cv. 'Alicia'	茜草科 Rubiaceae
草海桐 *Scaevola sericea* Forster f.	草海桐科 Goodeniaceae
酒瓶蘭 *Nolina recurvata*	龍舌蘭科 Agavaceae
馬纓丹 *Lantana camara*	馬鞭草科 Verbenaceae
假立鶴花 *Thunbergia natalensis*	爵床科 Acanthaceae
細裂葉珊瑚油桐 *Jatropha multifida*	大戟科 Euphorbiaceae
野牡丹 *Melastoma candidum* D. Don	野牡丹科 Melastomataceae
戟葉龍舌蘭 *Agave potatorum* var. *verschaffeltii*	龍舌蘭科 Agavaceae

掌葉福祿桐 *Polyscias guilfoylei* cv. 'Quercifolia'	五加科 Araliaceae
斑葉林投 *Pandanus veitchii* Dall.	露兜樹科 Pandanaceae
斑葉紅雀珊瑚 *Pedilanthus tithymaloides* cv. 'Variegatus'	大戟科 Euphorbiaceae
斑葉海桐 *Pittosporum tobira* cv. 'Variegata'	海桐科 Pittosporaceae
無葉檉柳 *Tamarix aphylla*	檉柳科 Tamaricaceae
番仔林投 *Dracaena angustifolia* Roxb.	龍舌蘭科 Agavaceae
番蝴蝶 *Caesalpinia pulcherrima*	蘇木科 Caesalpiniaceae
絲龍舌蘭 *Agave schidigera*	龍舌蘭科 Agavaceae
華北檉柳 *Tamarix juniperina* (*Tamarix chinensis*)	檉柳科 Tamaricaceae
鈍頭緬梔 *Plumeria obtusa*	夾竹桃科 Apocynaceae
黃金露花 *Duranta repens* cv. 'Golden Leaves'	馬鞭草科 Verbenaceae
黃紋萬年麻 *Furcraea foetida* cv. 'Striata'	龍舌蘭科 Agavaceae
黃荊 *Vitex negundo*	馬鞭草科 Verbenaceae
黃蝴蝶 *Caesalpinia pulcherrima* cv. 'Flava'	蘇木科 Caesalpiniaceae
黃邊萬年蘭 *Furcraea selloa* cv. 'marginata'	龍舌蘭科 Agavaceae
黃邊龍舌蘭 *Agave americana* cv. 'Marginata'	龍舌蘭科 Agavaceae
圓葉福祿桐 *Polyscias balfouriana*	五加科 Araliaceae
矮仙丹 *Ixora* × *williamsii* cv. 'Sunkist'	茜草科 Rubiaceae
萬年麻 *Furcraea foetida*	龍舌蘭科 Agavaceae
葫蘆竹 *Bambusa ventricosa* McClure	禾本科 Poaceae
蜈蚣珊瑚 *Pedilanthus tithymaloides* cv. 'Nanus'	大戟科 Euphorbiaceae
福祿桐類 *Polyscias*	五加科 Araliaceae
綠珊瑚 *Euphorbia tirucalli*	大戟科 Euphorbiaceae
翠綠龍舌蘭 *Agave attenuata*	龍舌蘭科 Agavaceae
翡翠木 *Crassula argentea*	景天科 Crassulaceae
銀絨野牡丹 *Tibouchina heteromalla*	野牡丹科 Melastomataceae
銀道王蘭 *Yucca elephantipes* cv. 'Jewel'	龍舌蘭科 Agavaceae
鳳凰竹 *Bambusa glaucescens* (Willd.) Sieb. *ex* Hott.	禾本科 Poaceae
撒銀仙丹 *Ixora coccinea* cv. 'Marble Queen'	茜草科 Rubiaceae
蔓榕 *Ficus vaccinioides*	桑科 Moraceae
醉芙蓉 *Hibiscus mutabilis* cv. 'versicolor'	錦葵科 Malvaceae
樹馬齒莧 *Portulacaria afra*	馬齒莧科 Portulaceae
錦葉龍舌蘭 *Agave victoriae-reginae* cv. 'Variegata'	龍舌蘭科 Agavaceae
龍舌蘭 *Agave americana*	龍舌蘭科 Agavaceae
礁上榕（蔓性）*Ficus tinctoria*	桑科 Moraceae
雙花金絲桃 *Hypericum geminiflorum*	金絲桃科 Hypericaceae
雜交緬梔 *Plumeria* × *hybrida*	夾竹桃科 Apocynaceae
鵝掌藤 *Schefflera arboricola*	五加科 Araliaceae
鵝鑾鼻蔓榕 *Ficus pedunculosa* var. *mearnsii*	桑科 Moraceae
瓊麻 *Agave sisalana*	龍舌蘭科 Agavaceae

麒麟花 *Euphorbia milii*	大戟科 Euphorbiaceae
蘄艾（芙蓉菊）*Crossostephium chinense*	菊科 Asteraceae
蘇鐵 *Cycas revoluta*	蘇鐵科 Cycadaceae
蘭嶼山馬茶 *Tabernaemontana subglobosa* Merr.	夾竹桃科 Apocynaceae
蘭嶼馬茶花 *Tabernaemontana subglobosa*	夾竹桃科 Apocynaceae
蘭嶼裸實 *Maytenus emarginata*	衛矛科 Celastraceae
蘭嶼羅漢松 *Podocarpus costalis* Presl	羅漢松科 Podocarpaceae
霸王鞭 *Euphorbia antiquorum*	大戟科 Euphorbiaceae
變葉木 *Codiaeum variegatum*	大戟科 Euphorbiaceae
欖李 *Lumnitzera racemosa* Willd.	使君子科 Combretaceae
觀葉鐵莧 *Acalypha caturus*	大戟科 Euphorbiaceae
落葉灌木（Deciduous Shrubs）	
金合歡 *Acacia farnesiana*	含羞草科 Mimosaceae
紫薇 *Lagerstroemia indica* L.	千屈菜科 Lythraceae
地被植物（Groundcovers）	
刀葉椒草 *Peperomia dolabriformis*	胡椒科 Piperaceae
十大功勞 *Mahonia japonica*	小蘗科 Berberidaceae
三角柱仙人掌 *Hylocereus undatus*	仙人掌科 Cactaceae
土丁桂 *Evolvulus alsinoides*	蝶形花科 Fabaceae
大蘆薈 *Aloe vera*	百合科 Liliaceae
大花蘆莉 *Ruellia macrantha* Mart. *ex* Nees	爵床科 Acanthaceae
小蝦花 *Justicia brandegeeana*	爵床科 Acanthaceae
六月雪 *Serissa serissoides* (DC.) Druce	茜草科 Rubiaceae
冇骨消 *Sambucus formosana* Nakai	忍冬科 Caprifoliaceae
木玫瑰 *Merremia tuberosa* (L.) Rendle	旋花科 Convolvulaceae
火刺木 *Pyracantha* spp.	薔薇科 Rosaceae
仙城莉椒草 *Peperomia* 'Cactusville'	胡椒科 Piperaceae
馬醉木 *Pieris taiwanensis* Hay.	杜鵑花科 Ericaceae
玉山懸鉤子 *Rubus calycinoides* Hay.	薔薇科 Rosaceae
灰白椒草 *Peperomia incana*	胡椒科 Piperaceae
西洋蒲公英 *Taraxacum officinale*	菊科 Asteraceae
含羞草 *Mimosa pudica* L.	含羞草科 Mimosaceae
幸運草 *Oxalis tetraphylla*	酢漿草科 Oxalidaceae
松葉菊 *Lampranthus spectabilis*	蘿藦科 Asclepiadaceae
狗尾草 *Uraria crinita*	蝶形花科 Fabaceae
玫瑰麒麟 *Pereskia corrugata*	仙人掌科 Cactaceae
花籠 *Aztekium ritteri*	仙人掌科 Cactaceae
金露花 *Duranta repens* L.	馬鞭草科 Verbenaceae
非洲紅 *Euphorbia cotinifolia* L.	大戟科 Euphorbiaceae
洋凌霄 *Tecomaria capensis* (Thunb.) Spach	紫葳科 Bignoniaceae

紅樓花 *Odontonema strictum* (Nees) Kuntze	爵床科 Acanthaceae
桃金孃 *Rhodomyrtus tomentosa* (Ait.) Hassk.	桃金孃科 Myrtaceae
海龜串椒草 *Peperomia prostrata*	胡椒科 Piperaceae
芻蕾草 *Thuarea involuta*	禾本科 Poaceae
茶 *Thea sinensis* L.	山茶科 Theaceae
草海桐 *Scaevola sericea* Forster f.	草海桐科 Goodeniaceae
馬纓丹 *Lantana camara*	馬鞭草科 Verbenaceae
馬蘭 *Aster indicus*	菊科 Asteraceae
偃柏 *Juniperus procumbens* (Endl.) Miq.	柏科 Cupressaceae
彩葉山漆莖 *Breynia nivosa* (Bull) Small	大戟科 Euphorbiaceae
雪茄花 *Cuphea ignea* A. DC.	千屈菜科 Lythraceae
小葉水蓑衣 *Hygrophila erecta* (Burm. f.) Hochr.	爵床科 Acanthaceae
黃荊 *Vitex negundo* L.	馬鞭草科 Verbenaceae
黃楊 *Buxus* spp.	黃楊科 Buxaceae
過江藤（鴨舌廣）*Phyla nodiflora*	馬鞭草科 Verbenaceae
鋪地蜈蚣 *Cotoneaster* spp.	薔薇科 Rosaceae
錫蘭葉下珠 *Phyllanthus myrtifolius* Moon	大戟科 Euphorbiaceae
濱馬齒莧 *Sesuvium portulacastrum*	番杏科 Aizoaceae
穗花木藍 *Indigofera spicata* Forsk.	蝶形花科 Fabaceae
雞屎藤 *Paederia scandens* (Lour.) Merr.	茜草科 Rubiaceae
鵝掌藤 *Schefflera arboricola*	五加科 Araliaceae
鐵莧 *Acalypha* spp.	大戟科 Euphorbiaceae
變葉木 *Codiaeum variegatum*	大戟科 Euphorbiaceae
鑲邊爵床 *Sanchezia nobilis* Hook. f.	爵床科 Acanthaceae
蔓藤植物（Climbers and Vines）	
九重葛類 *Bougainvillea* × *spectoglabra*	紫茉莉科 Nyctaginaceae
大鄧伯花 *Thunbergia grandiflora* Roxb.	爵床科 Acanthaceae
小葉軟枝黃蟬（半蔓性）*Allamanda cathartica* cv. 'Nanus'	夾竹桃科 Apocynaceae
小葉葡萄 *Vitis thunbergii* var. *taiwaniana*	葡萄科 Vitaceae
山素英 *Jasminum hemsleyi*	木犀科 Oleaceae
玉葉金花 *Mussaenda pubescens* Ait. f.	茜草科 Rubiaceae
地錦（爬牆虎）*Parthenocissus tricuspidata*	葡萄科 Vitaceae
西番蓮 *Passiflora edulis* Sims.	西番蓮科 Passifloraceae
忍冬 *Lonicera japonica* Thunb.	忍冬科 Caprifoliaceae
長蔓藤訶子 *Combretum grandiflorum*	使君子科 Combretaceae
炮仗花 *Pyrostegia ignea* Presl.	紫葳科 Bignoniaceae
珊瑚藤 *Antigonon leptopus* Hook. et Arn.	蓼科 Polygonaceae
茉莉花 *Jasminum sambac*	木犀科 Oleaceae
馬鞍藤 *Ipomoea pes-caprae* (L.) R. Br.	旋花科 Convolvulaceae
牽牛花 *Ipomoea* spp.	旋花科 Convolvulaceae

細梗絡石 *Trachelospermum gracilipes*	夾竹桃科 Apocynaceae
軟枝黃蟬 *Allamanda cathartica* L.	夾竹桃科 Apocynaceae
越橘葉蔓榕 *Ficus vaccinioides* Hemsl.	桑科 Moraceae
愛玉子 *Ficus awkeotsang* Mak.	桑科 Moraceae
落葵 *Basella alba* L.	落葵科 Basellaceae
葎草 *Humulus scandens*	桑科 Moraceae
翠玉藤 *Dischidia bengalensis*	蘿藦科 Asclepiadaceae
蒜香藤 *Pseudocalymma alliaceum*	紫薇科 Bignoniaceae
蔓荊 *Vitex rotundifolia* L. f.	馬鞭草科 Verbenaceae
蔓黃金菊 *Senecio confusus*	菊科 Asteraceae
蔦蘿 *Quamoclit pennata* (Desr.) Boj.	旋花科 Convolvulaceae
樹牽牛 *Ipomoea fistulosa*	旋花科 Convolvulaceae
薜荔 *Ficus pumila* L.	桑科 Moraceae
鶯爪花 *Artabotrys hexapetalus* (L. f.) Bhandari	草海桐科 Goodeniaceae

草本植物（Herbaceous Plants）

千日紅 *Gomphrena globosa*	莧科 Amaranthaceae
千日菊 *Spilanthes acmella*	菊科 Asteraceae
大車前草 *Plantago major* L.	車前科 Plantaginaceae
大花天人菊 *Gaillardia aristata*	菊科 Asteraceae
大紅羽竹芋 *Calathea ornata*	竹芋科 Marantaceae
小月桃 *Alpinia intermedia* Gagnep	薑科 Zingiberaceae
小韭蘭 *Zephyranthes rosea*	石蒜科 Amaryllidaceae
文珠蘭 *Crinum asiaticum*	石蒜科 Amaryllidaceae
月桃 *Alpinia zerumbet* (Pers.) Burtt & Smith	薑科 Zingiberaceae
水竹葉 *Murdannia keisak* (Hassk.) Hand.-Mzt.	鴨跖草科 Commelinaceae
火球花 *Haemanthus multiflorus*	石蒜科 Amaryllidaceae
仙鶴草 *Rhinacanthus nasutus*	爵床科 Acanthaceae
臺灣姑婆芋 *Alocasia cucullata* Schott & Endl.	天南星科 Araceae
臺灣蝴蝶蘭 *Phalaenopsis aphrodite* Reichb. f.	蘭科 Orchidaceae
四季海棠 *Begonia semperflorens* Link & Otto	秋海棠科 Begoniaceae
玉龍草 *Ophiopogon japonicus* cv. 'Nanus'	百合科 Liliaceae
白茅 *Imperata cylindrica* (L.) P. Beauv.	禾本科 Poaceae
百喜草（大、小葉品系）*Paspalum notatum* Flugge	禾本科 Poaceae
百慕達草（狗牙根）*Cynodon dactylon* (L.) Pers.	禾本科 Poaceae
艾草 *Artemisia indica* Willd.	菊科 Asteraceae
含羞草 *Mimosa pudica* L.	含羞草科 Mimosaceae
姑婆芋 *Alocasia odora* (Lodd.) Spach	天南星科 Araceae
松葉牡丹 *Portulaca grandiflora*	馬齒莧科 Portulaceae
沿階草 *Ophiopogon japonicus*	百合科 Liliaceae
虎紋鷹爪草 *Haworthia fasciata*	百合科 Liliaceae

金線桔梗蘭 *Dianella ensifolia* cv. 'Yellow Stripe'	百合科 Liliaceae
金錢樹 *Zamioculcas zamiifolia*	天南星科 Araceae
長春花 *Vinca rosea*	夾竹桃科 Apocynaceae
長蒴苣苔 *Chirita sinensis*	苦苣苔科 Gesneriaceae
南美蟛蜞菊 *Wedelia trilobata*	菊科 Asteraceae
洋馬齒莧 *Portulaca oleracea* L.	馬齒莧科 Portulaceae
炮竹紅 *Russelia equisetiformis*	玄參科 Scrophulariaceae
紅邊竹蕉 *Dracaena marginata*	龍舌蘭科 Agavaceae
韭蘭 *Zephyranthes carinata*	石蒜科 Amaryllidaceae
香龍血樹 *Dracaena fragrans*	龍舌蘭科 Agavaceae
夏堇 *Torenia fournieri*	玄參科 Scrophulariaceae
書帶水竹草 *Murdannia simplex*	鴨跖草科 Commelinaceae
桔梗蘭 *Dianella ensifolia*	百合科 Liliaceae
蚌蘭 *Rhoeo spathacea*	鴨跖草科 Commelinaceae
馬尼拉草（臺北草）*Zoysia matrella* (L.) Merr.	禾本科 Poaceae
馬利筋 *Asclepias curassavica*	蘿藦科 Asclepiadaceae
馬齒牡丹 *Portulaca oleracea* 'Wildfire'	馬齒莧科 Portulaceae
高狐草 *Festuca arundinacea* Schreb.	禾本科 Poaceae
彩虹菊 *Dorotheanthus bellidiformis*	番杏科 Aizoaceae
條紋燕麥草 *Arrhenatherum elatius* cv. 'Variegatum'	禾本科 Poaceae
毬蘭 *Hoya carnosa* (L. f.) R. Br.	蘿藦科 Asclepiadaceae
麥門冬 *Liriope spicata*	百合科 Liliaceae
斑葉桔梗蘭 *Dianella ensata* cv. 'Silvery Stripe'	百合科 Liliaceae
斑葉蘆竹 *Arundo donax* var. *versicolor*	禾本科 Poaceae
朝鮮草 *Zoysia* spp.	禾本科 Poaceae
棕葉狗尾草（颱風草）*Setaria palmifolia*	禾本科 Poaceae
紫花曼陀羅 *Datura florepleno*	茄科 Solanaceae
紫花酢漿草 *Oxalis corymbosa*	酢漿草科 Oxalidaceae
紫葉酢漿草 *Oxalis violacea* 'purple leaves'	酢漿草科 Oxalidaceae
紫錦草 *Setcreasea purpurea*	鴨跖草科 Commelinaceae
象草 *Pennisetum purpureum*	禾本科 Poaceae
雁來紅 *Amaranthus tricolor*	莧科 Amaranthaceae
黃波斯菊 *Cosmos sulphureus*	菊科 Asteraceae
黃綠紋竹蕉 *Dracaena deremensis* Roehrs Gold	龍舌蘭科 Agavaceae
黑麥草 *Lolium perenne*	禾本科 Poaceae
奧古斯汀草 *Stenotaphrum secundatum* (Walt.) Kuntze	禾本科 Poaceae
義大利黑麥草 *Lolium multiflorum* Lam.	禾本科 Poaceae
蜈蚣草（假儉草）*Eremochloa ophiuroides* (Munro) Hack.	禾本科 Poaceae
雷公根 *Centella asiatica* (L.) Urban	繖形花科 Apiaceae
嘉蘭 *Gloriosa superba*	百合科 Liliaceae

綠之鈴 *Senecio rowleyanus*	菊科 Asteraceae
綠翡翠 *Plectranthus prostratus*	唇形花科 Labiatae
銀肋赫蕉 *Heliconia metallica*	旅人蕉科 Strelitziaceae
銀紋沿階草 *Ophiopogon intermedius*	百合科 Liliaceae
鳳仙花 *Impatiens balsamina*	鳳仙花科 Balsaminaceae
鳶尾 *Iris tectorum*	鳶尾科 Iridaceae
皺葉椒草 *Peperomia caperata*	胡椒科 Piperaceae
蔥蘭 *Zephyranthes candida* 'Rain lily'（黃）	石蒜科 Amaryllidaceae
蔥蘭 *Zephyranthes candida*（白）	石蒜科 Amaryllidaceae
濱刀豆 *Canavalia rosea*	蝶形花科 Fabaceae
濱刺麥 *Spinifex littoreus* Burm. f.	禾本科 Poaceae
濱箬草 *Thuarea involuta* R. Br. *ex* Sm.	禾本科 Poaceae
繁星花 *Pentas lanceolata* var. *coccinea*	茜草科 Rubiaceae
闊葉麥門冬 *Liriope platyphylla* Wang & Tang	百合科 Liliaceae
檸檬草（印度香茅）*Cymbopogon citratus*	禾本科 Poaceae
雙穗雀稗 *Paspalum distichum* L.	禾本科 Poaceae
雞冠花 *Celosia plumosa*	莧科 Amaranthaceae
蟹蛺草 *Conophytum bilobum*	番杏科 Aizoaceae
蘆薈 *Aloe vera* var. *chinensis*	百合科 Liliaceae
麝香百合 *Lilium longiflorum* var. *scabrum* Masamune	百合科 Liliaceae
鑲邊萬年青 *Rohdea japonica* cv. 'Marginata'	百合科 Liliaceae

椰子類植物（Palm Trees）

大王椰子 *Roystonea regia*	棕櫚科 Arecaceae
山棕 *Arenga engleri* Beccari	棕櫚科 Arecaceae
加拿利海棗 *Phoenix canariensis*	棕櫚科 Arecaceae
凍子椰子 *Butia capitata*	棕櫚科 Arecaceae
酒瓶椰子 *Hyophorbe lagenicaulis*	棕櫚科 Arecaceae
棍棒椰子 *Mascarena verschaffeltii*	棕櫚科 Arecaceae
華盛頓椰子 *Washingtonia filifera*	棕櫚科 Arecaceae
黃椰子 *Chrysalidocarpus lutescens*	棕櫚科 Arecaceae
臺灣海棗 *Phoenix hanceana*	棕櫚科 Arecaceae
蒲葵 *Livistona chinensis*	棕櫚科 Arecaceae
羅比親王海棗 *Phoenix roebelenii*	棕櫚科 Arecaceae

多肉植物（Succulent Plants）

孔雀仙人掌 *Epiphyllum ackermannii*	仙人掌科 Cactaceae
曇花 *Epiphyllum oxypetalum*	仙人掌科 Cactaceae
螃蟹蘭 *Schlumbergera bridgesii*	仙人掌科 Cactaceae
木麒麟 *Pereskia grandifolia*	仙人掌科 Cactaceae
三角柱仙人掌 *Hylocereus undatus*	仙人掌科 Cactaceae
仙人棒 *Hatiora salicornioides*	仙人掌科 Cactaceae

表 8-3 耐風植物種類一覽表

學名（含中名及拉丁名）	科名（含中名及拉丁名）
喬木類（Trees）	
常綠喬木（Evergreen Trees）	
土樟 *Cinnamomum reticulatum*	樟科 Lauraceae
大葉山欖 *Palaquium formosanum*	山欖科 Sapotaceae
大葉桃花心木 *Swietenia macrophylla*	楝科 Meliaceae
大葉桉 *Eucalyptus robusta* Smith	桃金孃科 Myrtaceae
大頭茶 *Gordonia axillaris*	山茶科 Theaceae
小葉赤楠 *Syzygium buxifolium* Hook. & Arn.	桃金孃科 Myrtaceae
小葉南洋杉 *Araucaria heterophylla*	南洋杉科 Araucariaceae
小葉榕 *Ficus microcarpa* var. *pusillifolia*	桑科 Moraceae
山黃麻 *Trema orientalis*	榆科 Ulmaceae
山欖 *Pouteria obovata*	山欖科 Sapotaceae
日本黑松 *Pinus thunbergii*	松科 Pinaceae
木麻黃 *Casuarina equisetifolia*	木麻黃科 Casuarinaceae
毛柿 *Diospyros discolor*	柿樹科 Ebenaceae
水黃皮 *Pongamia pinnata*	蝶形花科 Fabaceae
臺東火刺木 *Pyracantha koidzumii* (Hayata) Rehd.	薔薇科 Rosaceae
臺灣五葉松 *Pinus morrisonicola* Hayata	松科 Pinaceae
臺灣赤楠 *Syzygium formosanum* (Hayata) Mori	桃金孃科 Myrtaceae
臺灣海桐 *Pittosporum pentandrum*	海桐科 Pittosporaceae
臺灣樹蘭 *Aglaia formosana*	楝科 Meliaceae
白千層 *Melaleuca leucadendra*	桃金孃科 Myrtaceae
白肉榕 *Ficus virgata*	桑科 Moraceae
印度橡膠樹 *Ficus elastica*	桑科 Moraceae
竹柏 *Nageia nagi* (Thunb.) O. Ktze.	羅漢松科 Podocarpaceae
耳莢相思樹 *Acacia auriculiformis*	含羞草科 Mimosaceae
血桐 *Macaranga tanarius*	大戟科 Euphorbiaceae
夾竹桃 *Nerium indicum*	夾竹桃科 Apocynaceae
芒果 *Mangifera indica* L.	漆樹科 Anacardiaceae
直幹相思樹 *Acacia mangium*	含羞草科 Mimosaceae
肯氏南洋杉 *Araucaria cunninghamii* D. Don.	南洋杉科 Araucariaceae
金葉黃槐 *Cassia bicapsularis* L.	蘇木科 Caesalpiniaceae
金龜樹 *Pithecellobium dulce* (Roxb.) Benth	含羞草科 Mimosaceae
青剛櫟 *Cyclobalanopsis glauca*	殼斗科 Fagaceae
南洋海桐 *Pittosporum moluccanum*	海桐科 Pittosporaceae
厚皮香 *Ternstroemia gymnanthera*	椴樹科 Tiliaceae
厚葉榕 *Ficus microcarpa* var. *crassifolia*	桑科 Moraceae
垂榕 *Ficus benjamina*	桑科 Moraceae

春不老 *Ardisia squamulosa* Presl	紫金牛科 Myrsinaceae
珊瑚樹 *Viburnum odoratissimum*	忍冬科 Caprifoliaceae
相思樹 *Acacia confusa*	含羞草科 Mimosaceae
紅千層 *Callistemon citrinus*	桃金孃科 Myrtaceae
茄苳 *Bischofia javanica* Blume	大戟科 Euphorbiaceae
香冠柏 *Cupressus macroglossus* cv. 'Goldcrest'	柏木科 Cupressaceae
海檬果 *Cerbera manghas*	夾竹桃科 Apocynaceae
烏心石 *Michelia formosana*	木蘭科 Magnoliaceae
粉黃夾竹桃 *Thevetia thevetioides*	夾竹桃科 Apocynaceae
蚊母樹 *Distylium racemosum*	金縷梅科 Hamamelidaceae
傳園榕 *Ficus microcarpa* L. f. var. *fuyuensis* Liao	桑科 Moraceae
棋盤腳樹 *Barringtonia asiatica*	玉蕊科 Lecythidaceae
棱果榕 *Ficus septica*	桑科 Moraceae
椬梧 *Elaeagnus oldhamii* Maxim	胡頹子科 Elaeagnaceae
港口木荷 *Schima superba* Gard. & Champ. var. *kankaoensis*	山茶科 Theaceae
番龍眼 *Pometia pinnata*	無患子科 Sapindaceae
華盛頓椰子 *Washingtonia filifera*	棕櫚科 Arecaceae
象牙樹 *Diospyros ferrea*	柿樹科 Ebenaceae
黃心柿 *Diospyros maritima*	柿樹科 Ebenaceae
黃花夾竹桃 *Thevetia peruviana* (Pers.) K. Schum.	夾竹桃科 Apocynaceae
黃金榕 *Ficus microcarpa* L. f. cv. 'Golden Leaves'	桑科 Moraceae
黃連木 *Pistacia chinensis* Bunge	漆樹科 Anacardiaceae
黃槿 *Hibiscus tiliaceus*	錦葵科 Malvaceae
黑板樹 *Alstonia scholaris* (L.) R. Br.	夾竹桃科 Apocynaceae
楊梅 *Myrica rubra*	楊梅科 Myricaceae
葛塔德木 *Guettarda speciosa*	山欖科 Sapotaceae
榕樹 *Ficus microcarpa*	桑科 Moraceae
福木 *Garcinia subelliptica*	藤黃科 Clusiaceae
臺東蘇鐵 *Cycas taitungensis*	蘇鐵科 Cycadaceae
銀葉樹 *Heritiera littoralis* Dryand.	梧桐科 Sterculiaceae
樟樹 *Cinnamomum camphora*	樟科 Lauraceae
蓮葉桐 *Hernandia nymphaeifolia*	蓮葉桐科 Hernandiaceae
魯花樹 *Scolopia oldhamii*	大風子科 Flacourtiaceae
樹杞 *Ardisia sieboldii*	紫金牛科 Myrsinaceae
錫蘭橄欖 *Elaeocarpus serratus* L.	椴樹科 Tiliaceae
龍眼 *Euphoria longana*	無患子科 Sapindaceae
檄樹 *Morinda citrifolia*	茜草科 Rubiaceae
檉柳 *Tamarix aphylla*	檉柳科 Tamaricaceae
濕地松 *Pinus elliottii*	松科 Pinaceae
穗花棋盤腳 *Barringtonia racemosa*	碁盤腳科 Barringtoniaceae

223

闊葉蘇鐵 *Zamia furfuracea*	蘇鐵科 Cycadaceae
檸檬桉 *Eucalyptus citriodora*	桃金孃科 Myrtaceae
瓊崖海棠 *Calophyllum inophyllum*	藤黃科 Guttiferae
羅漢松 *Podocarpus macrophyllus*	羅漢松科 Podocarpaceae
蘇鐵 *Cycas revoluta*	蘇鐵科 Cycadaceae
蘋婆 *Sterculia nobilis*	梧桐科 Sterculaceae
麵包樹 *Artocarpus altilis*	桑科 Moraceae
蘭嶼肉豆蔻 *Myristica ceylanica* A. DC. var. *cagayanensis* (Merr.) J. Sinclair	肉豆蔻科 Myristicaceae
蘭嶼海桐 *Pittosporum moluccanum*	海桐科 Pittosporaceae
蘭嶼樹杞 *Ardisia elliptica*	紫金牛科 Myrsinaceae
蘭嶼瓊崖海棠 *Calophyllum changii*	藤黃科 Clusiaceae
蘭嶼蘋婆 *Sterculia ceramica*	梧桐科 Sterculiaceae
落葉喬木（Deciduous Trees）	
大花紫薇 *Lagerstroemia speciosa*	千屈菜科 Lythraceae
大葉合歡 *Albizia lebbeck*	含羞草科 Mimosaceae
臺灣山芙蓉 *Hibiscus taiwanensis* Hu	錦葵科 Malvaceae
臺灣石楠 *Pourthiaea lucida*	薔薇科 Rosaceae
臺灣欒樹 *Koelreuteria formosana*	無患子科 Sapindaceae
印度黃檀 *Dalbergia sissoo*	蝶形花科 Fabaceae
羊蹄甲 *Bauhinia variegata*	蘇木科 Caesalpiniaceae
垂柳 *Salix babylonica*	楊柳科 Salicaceae
恆春厚殼樹 *Ehretia resinosa*	紫草科 Boraginaceae
珊瑚刺桐 *Erythrina corallodendron* L.	蝶形花科 Fabaceae
苦楝 *Melia azedarach*	楝科 Meliaceae
臭娘子 *Premna obtusifolia*	馬鞭草科 Verbenaceae
梧桐 *Firmiana simplex* (L.) W. F. Wight	梧桐科 Sterculiaceae
第倫桃 *Dillenia indica*	第倫桃科 Dilleniaceae
雀榕 *Ficus superba* (Miq.) Miq. var. *japonica* Miq.	桑科 Moraceae
掌葉蘋婆 *Sterculia foetida* Linn.	梧桐科 Sterculiaceae
菩提樹 *Ficus religiosa*	桑科 Moraceae
裂葉蘋婆（掌葉蘋婆） *Sterculia foetida* L.	梧桐科 Sterculiaceae
黃槐 *Cassia surattensis* Burm. f.	蘇木科 Caesalpiniaceae
楓香 *Liquidambar formosana*	金縷梅科 Hamamelidaceae
榔榆 *Ulmus parvifolia*	榆科 Ulmaceae
鳳凰木 *Delonix regia* (Bojer) Raf.	蝶形花科 Fabaceae
構樹 *Broussonetia papyrifera*	桑科 Moraceae
銀合歡 *Leucaena leucocephala*	含羞草科 Mimosaceae
銀杏 *Ginkgo biloba*	銀杏科 Ginkgoaceae
皺桐 *Aleurites montana*	大戟科 Euphorbiaceae

緬梔（雞蛋花）*Plumeria acutifolia*	夾竹桃科 Apocynaceae
藍花楹 *Jacaranda acutifolia*	紫葳科 Bignoniaceae
蟲屎 *Melanolepis multiglandulosa*	大戟科 Euphorbiaceae
櫸樹 *Zelkova serrata*	榆科 Ulmaceae
欖仁 *Terminalia catappa* L.	使君子科 Combretaceae
灌木類（Shrubs）	
常綠灌木（Evergreen Shrubs）	
大葉黃楊 *Euonymus japonicus* Thunb.	衛矛科 Celastraceae
小葉厚殼樹 *Ehretia microphylla*	紫草科 Boraginaceae
月橘（七里香）*Murraya paniculata* (L.) Jacq.	芸香科 Rutaceae
仙丹花 *Ixora chinensis* Lam.	茜草科 Rubiaceae
田代氏石斑木 *Rhaphiolepis indica* (L.) Lindl. *ex* Ker var. *tashiroi* Hayata	薔薇科 Rosaceae
白水木 *Messerschmidia argentea*	紫草科 Boraginaceae
交趾衛矛 *Euonymus cochinchinensis*	衛矛科 Celastraceae
朱槿 *Hibiscus rosa-sinensis*	錦葵科 Malvaceae
金平氏冬青 *Ilex triflora* var. *kanehirai*	冬青科 Aquifoliaceae
南洋鐵莧 *Acalypha caturus*	大戟科 Euphorbiaceae
南美紫茉莉（九重葛）*Bougainvillea spectabilis* Willd.	紫茉莉科 Nyctaginaceae
厚葉石斑木 *Rhaphiolepis indica* var. *umbellata* (Thunb.) Ohashi H.	薔薇科 Rosaceae
紅花月桃 *Alpinia purpurata* (Vieill.) K. Schum.	薑科 Zingiberaceae
苦林盤 *Clerodendrum inerme*	馬鞭草科 Verbenaceae
海桐 *Pittosporum tobira* Ait.	海桐科 Pittosporaceae
草海桐 *Scaevola sericea* Forster f.	草海桐科 Goodeniaceae
馬纓丹 *Lantana camara*	馬鞭草科 Verbenaceae
斑葉南洋海桐 *Pittosporum moluccanum* cv. 'Variegated Leaves'	海桐科 Pittosporaceae
無葉檉柳 *Tamarix aphylla*	檉柳科 Tamaricaceae
番仔林投 *Dracaena angustifolia* Roxb.	龍舌蘭科 Agavaceae
華北檉柳 *Tamarix juniperina* (*Tamarix chinensis*)	檉柳科 Tamaricaceae
黃莉 *Vitex negundo*	馬鞭草科 Verbenaceae
矮仙丹 *Ixora* × *williamsii* cv. 'Sunkist'	茜草科 Rubiaceae
葫蘆竹 *Bambusa ventricosa* McClure	禾本科 Poaceae
綠珊瑚 *Euphorbia tirucalli* L.	大戟科 Euphorbiaceae
龍舌蘭 *Agave Americana*	龍舌蘭科 Agavaceae
礁上榕（蔓性）*Ficus tinctoria*	桑科 Moraceae
鵝掌藤 *Schefflera arboricola*	五加科 Araliaceae
蘄艾（芙蓉菊）*Crossostephium chinense*	菊科 Asteraceae
蘇鐵 *Cycas revoluta*	蘇鐵科 Cycadaceae
蘭嶼山馬茶 *Tabernaemontana subglobosa* Merr.	夾竹桃科 Apocynaceae
蘭嶼裸實 *Maytenus emarginata*	衛矛科 Celastraceae

蘭嶼羅漢松 *Podocarpus costalis* Presl	羅漢松科 Podocarpaceae
變葉木 *Codiaeum variegatum*	大戟科 Euphorbiaceae
欖李 *Lumnitzera racemosa* Willd.	使君子科 Combretaceae
落葉灌木（Deciduous Shrubs）	
紫薇 *Lagerstroemia indica* L.	千屈菜科 Lythraceae
蔓藤植物（Climbers and Vines）	
大萼旋花 *Stictocardia tiliifolia*	旋花科 Convolvulaceae
星果藤 *Tristellateia australasiae*	黃褥花科 Malpighiaceae
馬鞍藤 *Ipomoea pes-caprae* (L.) R. Br.	旋花科 Convolvulaceae
越橘葉蔓榕 *Ficus vaccinioides* Hemsl.	桑科 Moraceae
草本植物（Herbaceous Plants）	
大花天人菊 *Gaillardia aristata*	菊科 Asteraceae
大扁雀麥 *Bromus catharticus* Vahl.	禾本科 Poaceae
文珠蘭 *Crinum asiaticum*	石蒜科 Amaryllidaceae
百慕達草（狗牙根）*Cynodon dactylon* (L.) Pers	禾本科 Poaceae
竹節草 *Chrysopogon aciculatus* (Retz.) Trin.	禾本科 Poaceae
香附子 *Cyperus rotundus* L.	禾本科 Poaceae
濱箬草 *Thuarea involuta* R. Br. *ex* Sm.	禾本科 Poaceae
馬尼拉草（臺北草）*Zoysia matrella* (L.) Merr.	禾本科 Poaceae
蜈蚣草（假儉草）*Eremochloa ophiuroides* (Munro) Hack.	禾本科 Poaceae
龍舌蘭 *Agave Americana*	龍舌蘭科 Agavaceae
椰子類植物（Palm Trees）	
大王椰子 *Roystonea regia*	棕櫚科 Arecaceae
山棕 *Arenga engleri* Beccari	棕櫚科 Arecaceae
加拿利海棗 *Phoenix canariensis*	棕櫚科 Arecaceae
可可椰子 *Cocos nucifera*	棕櫚科 Arecaceae
酒瓶椰子 *Hyophorbe lagenicaulis*	棕櫚科 Arecaceae
棍棒椰子 *Mascarena verschaffeltii*	棕櫚科 Arecaceae
華盛頓椰子 *Washingtonia filifera*	棕櫚科 Arecaceae
黃椰子 *Chrysalidocarpus lutescens*	棕櫚科 Arecaceae
臺灣海棗 *Phoenix hanceana*	棕櫚科 Arecaceae
蒲葵 *Livistona chinensis*	棕櫚科 Arecaceae
羅比親王海棗 *Phoenix roebelenii*	棕櫚科 Arecaceae

▌ 表 8-4　耐鹽植物種類一覽表

學名（含中名及拉丁名）	科名（含中名及拉丁名）
喬木類（Trees）	
常綠喬木（Evergreen Trees）	
土樟 *Cinnamomum reticulatum*	樟科 Lauraceae

大葉山欖 *Palaquium formosanum*	山欖科 Sapotaceae
大葉桉 *Eucalyptus robusta* Smith	桃金孃科 Myrtaceae
山欖 *Pouteria obovata*	山欖科 Sapotaceae
日本黑松 *Pinus thunbergii*	松科 Pinaceae
木麻黃 *Casuarina equisetifolia*	木麻黃科 Casuarinaceae
毛柿 *Diospyros discolor*	柿樹科 Ebenaceae
水黃皮 *Pongamia pinnata*	蝶形花科 Fabaceae
臺灣海桐 *Pittosporum pentandrum*	海桐科 Pittosporaceae
臺灣樹蘭 *Aglaia formosana*	棟科 Meliaceae
白千層 *Melaleuca leucadendra*	桃金孃科 Myrtaceae
白樹仔 *Gelonium aequoreum* Hance	大戟科 Euphorbiaceae
血桐 *Macaranga tanarius*	大戟科 Euphorbiaceae
夾竹桃 *Nerium indicum*	夾竹桃科 Apocynaceae
肯氏南洋杉 *Araucaria cunninghamii* D. Don.	南洋杉科 Araucariaceae
金龜樹 *Pithecellobium dulce* (Roxb.) Benth	含羞草科 Mimosaceae
垂榕 *Ficus benjamina*	桑科 Moraceae
春不老 *Ardisia squamulosa* Presl	紫金牛科 Myrsinaceae
珊瑚樹 *Viburnum odoratissimum*	忍冬科 Caprifoliaceae
相思樹 *Acacia confusa*	含羞草科 Mimosaceae
紅千層 *Callistemon citrinus*	桃金孃科 Myrtaceae
茄苳 *Bischofia javanica* Blume	大戟科 Euphorbiaceae
香冠柏 *Cupressus macroglossus* cv. 'Goldcrest'	柏木科 Cupressaceae
海檬果 *Cerbera manghas*	夾竹桃科 Apocynaceae
棋盤腳樹 *Barringtonia asiatica*	玉蕊科 Lecythidaceae
椬梧 *Elaeagnus oldhamii* Maxim	胡頹子科 Elaeagnaceae
華盛頓椰子 *Washingtonia filifera*	棕櫚科 Arecaceae
象牙樹 *Diospyros ferrea*	柿樹科 Ebenaceae
黃心柿 *Diospyros maritima*	柿樹科 Ebenaceae
黃花夾竹桃 *Thevetia peruviana* (Pers.) K. Schum.	夾竹桃科 Apocynaceae
黃金榕 *Ficus microcarpa* L. f. cv. 'Golden Leaves'	桑科 Moraceae
黃連木 *Pistacia chinensis* Bunge	漆樹科 Anacardiaceae
黃槿 *Hibiscus tiliaceus*	錦葵科 Malvaceae
稜果榕 *Ficus septica* Burm. f.	桑科 Moraceae
葛塔德木 *Guettarda speciosa*	山欖科 Sapotaceae
榕樹 *Ficus microcarpa*	桑科 Moraceae
福木 *Garcinia subelliptica*	藤黃科 Clusiaceae
銀葉樹 *Heritiera littoralis* Dryand.	梧桐科 Sterculiaceae
樟樹 *Cinnamomum camphora*	樟科 Lauraceae
蓮葉桐 *Hernandia nymphaeifolia*	蓮葉桐科 Hernandiaceae
魯花樹 *Scolopia oldhamii*	大風子科 Flacourtiaceae

樹杞 *Ardisia sieboldii*	紫金牛科 Myrsinaceae
龍眼 *Euphoria longana*	無患子科 Sapindaceae
檄樹 *Morinda citrifolia*	茜草科 Rubiaceae
檉柳 *Tamarix aphylla*	檉柳科 Tamaricaceae
穗花棋盤腳 *Barringtonia racemosa*	碁盤腳科 Barringtoniaceae
闊葉蘇鐵 *Zamia furfuracea*	蘇鐵科 Cycadaceae
檸檬桉 *Eucalyptus citriodora*	桃金孃科 Myrtaceae
瓊崖海棠 *Calophyllum inophyllum*	藤黃科 Guttiferae
羅漢松 *Podocarpus macrophyllus*	羅漢松科 Podocarpaceae
蘇鐵 *Cycas revoluta*	蘇鐵科 Cycadaceae
蘭嶼肉豆蔻 *Myristica ceylanica* A. DC. var. *cagayanensis* (Merr.) J. Sinclair	肉豆蔻科 Myristicaceae
蘭嶼海桐 *Pittosporum moluccanum*	海桐科 Pittosporaceae
蘭嶼瓊崖海棠 *Calophyllum changii*	藤黃科 Clusiaceae
落葉喬木（Deciduous Trees）	
皺桐 *Aleurites montana*	大戟科 Euphorbiaceae
大花紫薇 *Lagerstroemia speciosa*	千屈菜科 Lythraceae
小葉欖仁 *Terminalia mantaly*	使君子科 Combretaceae
臺灣欒樹 *Koelreuteria formosana*	無患子科 Sapindaceae
珊瑚刺桐 *Erythrina corallodendron* L.	蝶形花科 Fabaceae
苦楝 *Melia azedarach*	楝科 Meliaceae
烏桕 *Sapium sebiferum* (L.) Roxb.	大戟科 Euphorbiaceae
梧桐 *Firmiana simplex* (L.) W. F. Wight	梧桐科 Sterculiaceae
雀榕 *Ficus superba* (Miq.) Miq. var. *japonica* Miq.	桑科 Moraceae
裂葉蘋婆（掌葉蘋婆）*Sterculia foetida* L.	梧桐科 Sterculiaceae
楓香 *Liquidambar formosana*	金縷梅科 Hamamelidaceae
榔榆 *Ulmus parvifolia*	榆科 Ulmaceae
構樹 *Broussonetia papyrifera*	桑科 Moraceae
銀杏 *Ginkgo biloba*	銀杏科 Ginkgoaceae
鳳凰木 *Delonix regia* (Bojer) Raf.	蝶形花科 Fabaceae
緬梔（雞蛋花）*Plumeria acutifolia*	夾竹桃科 Apocynaceae
鐵刀木 *Cassia siamea* Lam.	蘇木科 Caesalpiniaceae
欖仁 *Terminalia catappa* L.	使君子科 Combretaceae
灌木類（Shrubs）	
常綠灌木（Evergreen Shrubs）	
白水木 *Messerschmidia argentea*	紫草科 Boraginaceae
南美紫茉莉（九重葛）*Bougainvillea spectabilis* Willd.	紫茉莉科 Nyctaginaceae
厚葉石斑木 *Rhaphiolepis indica* var. *umbellata* (Thunb.) Ohashi H.	薔薇科 Rosaceae
紅刺露兜樹 *Pandanus utilis*	露兜樹科 Pandanaceae
苦林盤 *Clerodendrum inerme*	馬鞭草科 Verbenaceae

海桐 *Pittosporum tobira* Ait.	海桐科 Pittosporaceae
草海桐 *Scaevola sericea* Forster f.	草海桐科 Goodeniaceae
馬纓丹 *Lantana camara*	馬鞭草科 Verbenaceae
龍舌蘭 *Agave Americana*	龍舌蘭科 Agavaceae
鵝掌藤 *Schefflera arboricola*	五加科 Araliaceae
蘄艾（芙蓉菊）*Crossostephium chinense*	菊科 Asteraceae
蘭嶼羅漢松 *Podocarpus costalis* Presl	羅漢松科 Podocarpaceae
變葉木 *Codiaeum variegatum*	大戟科 Euphorbiaceae
欖李 *Lumnitzera racemosa* Willd.	使君子科 Combretaceae
落葉灌木（Deciduous Shrubs）	
紫薇 *Lagerstroemia indica* L.	千屈菜科 Lythraceae
蔓藤植物（Climbers and Vines）	
大萼旋花 *Stictocardia tiliifolia*	旋花科 Convolvulaceae
星果藤 *Tristellateia australasiae*	黃褥花科 Malpighiaceae
馬鞍藤 *Ipomoea pes-caprae* (L.) R. Br.	旋花科 Convolvulaceae
軟枝黃蟬 *Allamanda cathartica* L.	夾竹桃科 Apocynaceae
越橘葉蔓榕 *Ficus vaccinioides* Hemsl.	桑科 Moraceae
草本植物（Herbaceous Plants）	
文珠蘭 *Crinum asiaticum*	石蒜科 Amaryllidaceae
姑婆芋 *Alocasia odora* (Lodd.) Spach	天南星科 Araceae
百慕達草（狗牙根）*Cynodon dactylon* (L.) Pers.	禾本科 Poaceae
南美蟛蜞菊 *Wedelia trilobata*	菊科 Asteraceae
濱箬草 *Thuarea involuta* R. Br. *ex* Sm.	禾本科 Poaceae
馬尼拉草（臺北草）*Zoysia matrella* (L.) Merr.	禾本科 Poaceae
蜈蚣草（假儉草）*Eremochloa ophiuroides* (Munro) Hack.	禾本科 Poaceae
朝鮮草 *Zoysia* spp.	禾本科 Poaceae
椰子類植物（Palm Trees）	
大王椰子 *Roystonea regia*	棕櫚科 Arecaceae
加拿利海棗 *Phoenix canariensis*	棕櫚科 Arecaceae
可可椰子 *Cocos nucifera*	棕櫚科 Arecaceae
酒瓶椰子 *Hyophorbe lagenicaulis*	棕櫚科 Arecaceae
棍棒椰子 *Mascarena verschaffeltii*	棕櫚科 Arecaceae
華盛頓椰子 *Washingtonia filifera*	棕櫚科 Arecaceae
黃椰子 *Chrysalidocarpus lutescens*	棕櫚科 Arecaceae
臺灣海棗 *Phoenix hanceana*	棕櫚科 Arecaceae
蒲葵 *Livistona chinensis*	棕櫚科 Arecaceae
羅比親王海棗 *Phoenix roebelenii*	棕櫚科 Arecaceae

▌表 8-5　耐空氣汙染植物種類一覽表

學名（含中名及拉丁名）	科名（含中名及拉丁名）
喬木類（Trees）	
常綠喬木（Evergreen Trees）	
大葉山欖 *Palaquium formosanum*	山欖科 Sapotaceae
大葉桃花心木 *Swietenia macrophylla*	楝科 Meliaceae
大葉桉 *Eucalyptus robusta* Smith	桃金孃科 Myrtaceae
小葉南洋杉 *Araucaria heterophylla*	南洋杉科 Araucariaceae
小葉榕 *Ficus microcarpa* var. *pusillifolia*	桑科 Moraceae
大頭茶 *Gordonia axillaris*	山茶科 Theaceae
山黃麻 *Trema orientalis*	榆科 Ulmaceae
日本女貞 *Ligustrum japonicum*	木犀科 Oleaceae
木麻黃 *Casuarina equisetifolia*	木麻黃科 Casuarinaceae
水黃皮 *Pongamia pinnata*	蝶形花科 Fabaceae
臺灣海桐 *Pittosporum pentandrum*	海桐科 Pittosporaceae
白千層 *Melaleuca leucadendra*	桃金孃科 Myrtaceae
竹柏 *Nageia nagi* (Thunb.) O. Ktze.	羅漢松科 Podocarpaceae
夾竹桃 *Nerium indicum*	夾竹桃科 Apocynaceae
杜英 *Elaeocarpus sylvestris* var. *sylvestris*	椴樹科 Tiliaceae
肯氏南洋杉 *Araucaria cunninghamii* D. Don.	南洋杉科 Araucariaceae
金葉黃槐 *Cassia bicapsularis* L.	蘇木科 Caesalpiniaceae
金龜樹 *Pithecellobium dulce* (Roxb.) Benth	含羞草科 Mimosaceae
青剛櫟 *Cyclobalanopsis glauca*	殼斗科 Fagaceae
垂榕 *Ficus benjamina*	桑科 Moraceae
春不老 *Ardisia squamulosa* Presl	紫金牛科 Myrsinaceae
洋玉蘭 *Magnolia grandiflora*	木蘭科 Magnoliaceae
洋紫荊（紫羊蹄甲） *Bauhinia purpurea*	蘇木科 Caesalpiniaceae
相思樹 *Acacia confusa*	含羞草科 Mimosaceae
茄苳 *Bischofia javanica* Blume	大戟科 Euphorbiaceae
旅人蕉 *Ravenala madagascariensis*	旅人蕉科 Strelitziaceae
烏心石 *Michelia formosana*	木蘭科 Magnoliaceae
傅園榕 *Ficus microcarpa* L. f. var. *fuyuensis* Liao	桑科 Moraceae
華盛頓椰子 *Washingtonia filifera*	棕櫚科 Arecaceae
黃花夾竹桃 *Thevetia peruviana* (Pers.) K. Schum.	夾竹桃科 Apocynaceae
黃金榕 *Ficus microcarpa* L. f. cv. 'Golden Leaves'	桑科 Moraceae
黃連木 *Pistacia chinensis* Bunge	漆樹科 Anacardiaceae
黑板樹 *Alstonia scholaris* (L.) R. Br.	夾竹桃科 Apocynaceae
稜果榕 *Ficus septica* Burm. f.	桑科 Moraceae
榕樹 *Ficus microcarpa*	桑科 Moraceae
福木 *Garcinia subelliptica*	藤黃科 Clusiaceae

臺東蘇鐵 *Cycas taitungensis*	蘇鐵科 Cycadaceae
銀樺 *Grevillea robusta*	山龍眼科 Proteaceae
樟樹 *Cinnamomum camphora*	樟科 Lauraceae
魯花樹 *Scolopia oldhamii*	大風子科 Flacourtiaceae
錫蘭橄欖 *Elaeocarpus serratus* L.	椴樹科 Tiliaceae
龍柏 *Juniperus chinensis* cv. 'kaizuka'	柏科 Cupressaceae
羅漢松 *Podocarpus macrophyllus*	羅漢松科 Podocarpaceae
艷紫荊 *Bauhinia blakeana* Dunn.	蘇木科 Caesalpiniaceae

落葉喬木（Deciduous Trees）

大花紫薇 *Lagerstroemia speciosa*	千屈菜科 Lythraceae
臺灣山芙蓉 *Hibiscus taiwanensis* Hu	錦葵科 Malvaceae
木棉 *Bombax ceiba*	木棉科 Bombacaceae
水柳 *Salix warburgii*	楊柳科 Salicaceae
臺灣泡桐 *Paulownia taiwaniana*	玄參科 Scrophulariaceae
臺灣欒樹 *Koelreuteria formosana*	無患子科 Sapindaceae
光臘樹 *Fraxinus griffithii* C. B. Clarke	木犀科 Oleaceae
羊蹄甲 *Bauhinia variegata*	蘇木科 Caesalpiniaceae
沙朴 *Celtis sinensis*	榆科 Ulmaceae
法國梧桐 *Platanus orientalis*	法國梧桐科 Platanaceae
青楓 *Acer serrulatum* Hayata	槭樹科 Aceraceae
垂柳 *Salix babylonica*	楊柳科 Salicaceae
流蘇 *Chionanthus retusus*	木犀科 Oleaceae
珊瑚刺桐 *Erythrina corallodendron* L.	蝶形花科 Fabaceae
苦楝 *Melia azedarach*	楝科 Meliaceae
風鈴木 *Tabebuia impetiginosa* (Mart. *ex* DC.) Standl.	紫葳科 Bignoniaceae
烏桕 *Sapium sebiferum* (L.) Roxb.	大戟科 Euphorbiaceae
雀榕 *Ficus superba* (Miq.) Miq. var. *japonica* Miq.	桑科 Moraceae
菩提樹 *Ficus religiosa*	桑科 Moraceae
黃槐 *Cassia surattensis* Burm. f.	蘇木科 Caesalpiniaceae
楓香 *Liquidambar formosana*	金縷梅科 Hamamelidaceae
榔榆 *Ulmus parvifolia*	榆科 Ulmaceae
鳳凰木 *Delonix regia* (Bojer) Raf.	蝶形花科 Fabaceae
構樹 *Broussonetia papyrifera*	桑科 Moraceae
銀杏 *Ginkgo biloba*	銀杏科 Ginkgoaceae
鐵刀木 *Cassia siamea* Lam.	蘇木科 Caesalpiniaceae
欖仁 *Terminalia catappa* L.	使君子科 Combretaceae

灌木類（Shrubs）

常綠灌木（Evergreen Shrubs）

小葉厚殼樹 *Ehretia microphylla*	紫草科 Boraginaceae
小實女貞 *Ligustrum sinense* Lour.	木犀科 Oleaceae

月橘（七里香）*Murraya paniculata* (L.) Jacq.	芸香科 Rutaceae
白水木 *Messerschmidia argentea*	紫草科 Boraginaceae
石斑木 *Rhaphiolepis indica* (L.) Lindl. *ex* Ker	薔薇科 Rosaceae
朱槿 *Hibiscus rosa-sinensis*	錦葵科 Malvaceae
金公主垂榕 *Ficus benjamina* 'Golden Princes'	桑科 Moraceae
非洲紅 *Euphorbia cotinifolia* L.	大戟科 Euphorbiaceae
南美紫茉莉（九重葛）*Bougainvillea spectabilis* Willd.	紫茉莉科 Nyctaginaceae
海桐 *Pittosporum tobira* Ait.	海桐科 Pittosporaceae
馬纓丹 *Lantana camara*	馬鞭草科 Verbenaceae
野牡丹 *Melastoma candidum* D. Don	野牡丹科 Melastomataceae
番仔林投 *Dracaena angustifolia* Roxb.	龍舌蘭科 Agavaceae
黃金垂榕 *Ficus benjamina* 'Golden Leaves'	桑科 Moraceae
矮仙丹 *Ixora × williamsii* cv. 'Sunkist'	茜草科 Rubiaceae
葫蘆竹 *Bambusa ventricosa* McClure	禾本科 Poaceae
龍吐珠（半蔓藤）*Clerodendrum thomsoniae* Liebm.	馬鞭草科 Verbenaceae
龍舌蘭 *Agave Americana*	龍舌蘭科 Agavaceae
鵝掌藤 *Schefflera arboricola*	五加科 Araliaceae
蘇鐵 *Cycas revoluta*	蘇鐵科 Cycadaceae
地被植物（Groundcovers）	
三角柱仙人掌 *Hylocereus undatus*	仙人掌科 Cactaceae
小蝦花 *Justicia brandegeeana*	爵床科 Acanthaceae
臺灣葛藤 *Pueraria montana* (Lour.) Merr.	蝶形花科 Fabaceae
火刺木 *Pyracantha* spp.	薔薇科 Rosaceae
玉蘭 *yucca filamentosa* L.	龍舌蘭科 Agavaceae
玉珊瑚 *Solanum pseudo-capsicum* L.	茄科 Solanaceae
朱蕉 *Cordyline* spp.	龍舌蘭科 Agavaceae
含羞草 *Mimosa pudica* L.	含羞草科 Mimosaceae
易生木 *Hemigraphis repanda* (L.) H. G. Hallier	爵床科 Acanthaceae
金露花 *Duranta repens* L.	馬鞭草科 Verbenaceae
非洲紅 *Euphorbia cotinifolia* L.	大戟科 Euphorbiaceae
南天竹 *Nandina domestica* Thunb.	小蘗科 Berberidaceae
珊瑚藤 *Antigonon leptopus* Hook. *et* Arn.	蓼科 Polygonaceae
紅樓花 *Odontonema strictum* (Nees) Kuntze	爵床科 Acanthaceae
草海桐 *Scaevola sericea* Forster f.	草海桐科 Goodeniaceae
馬纓丹 *Lantana camara*	馬鞭草科 Verbenaceae
偃柏 *Juniperus procumbens* (Endl.) Miq.	柏科 Cupressaceae
越橘葉蔓榕 *Ficus vaccinioides* Hemsl.	桑科 Moraceae
黃楊 *Buxus* spp.	黃楊科 Buxaceae
黃蝦花 *Pachystachys lutea* Nees	爵床科 Acanthaceae
龍船花 *Clerodendrum paniculatum* L.	馬鞭草科 Verbenaceae

舖地蜈蚣 *Cotoneaster* spp.	薔薇科 Rosaceae
錫蘭葉下珠 *Phyllanthus myrtifolius* Moon	大戟科 Euphorbiaceae
雞屎藤 *Paederia scandens* (Lour.) Merr.	茜草科 Rubiaceae
鵝掌藤 *Schefflera arboricola*	五加科 Araliaceae
糯米糰 *Gonostegia hirta*	蕁麻科 Urticaceae
鐵莧 *Acalypha* spp.	大戟科 Euphorbiaceae
蔓藤植物（Climbers and Vines）	
地錦（爬牆虎）*Parthenocissus tricuspidata*	葡萄科 Vitaceae
忍冬 *Lonicera japonica* Thunb.	忍冬科 Caprifoliaceae
馬鞍藤 *Ipomoea pes-caprae* (L.) R. Br.	旋花科 Convolvulaceae
軟枝黃蟬 *Allamanda cathartica* L.	夾竹桃科 Apocynaceae
愛玉子 *Ficus awkeotsang* Mak.	桑科 Moraceae
落葵 *Basella alba* L.	落葵科 Basellaceae
蔦蘿 *Quamoclit pennata* (Desr.) Boj.	旋花科 Convolvulaceae
草本植物（Herbaceous Plants）	
大車前草 *Plantago major* L.	車前科 Plantaginaceae
巴拉草 *Brachiaria mutica* (Forsk.) Stapf	禾本科 Poaceae
牛筋草 *Eleusine indica* (L.) Gaertn.	禾本科 Poaceae
四季海棠 *Begonia semperflorens* Link & Otto	秋海棠科 Begoniaceae
地毯草 *Axonopus compressus* (Sw.) P. Beauv.	禾本科 Poaceae
百慕達草（狗牙根）*Cynodon dactylon* (L.) Pers.	禾本科 Poaceae
洋馬齒莧 *Portulaca oleracea* L.	馬齒莧科 Portulaceae
香附子 *Cyperus rotundus* L.	禾本科 Poaceae
桔梗蘭 *Dianella ensifolia*	百合科 Liliaceae
毬蘭 *Hoya carnosa* (L. f.) R. Br.	蘿藦科 Asclepiadaceae
朝鮮草 *Zoysia* spp.	禾本科 Poaceae
棕葉狗尾草（颱風草）*Setaria palmifolia*	禾本科 Poaceae
蜈蚣草（假儉草）*Eremochloa ophiuroides* (Munro) Hack.	禾本科 Poaceae
濱刺麥 *Spinifex littoreus* Burm. f.	禾本科 Poaceae
椰子類植物（Palm Trees）	
大王椰子 *Roystonea regia*	棕櫚科 Arecaceae
酒瓶椰子 *Hyophorbe lagenicaulis*	棕櫚科 Arecaceae
棍棒椰子 *Mascarena verschaffeltii*	棕櫚科 Arecaceae
華盛頓椰子 *Washingtonia filifera*	棕櫚科 Arecaceae
黃椰子 *Chrysalidocarpus lutescens*	棕櫚科 Arecaceae
臺灣海棗 *Phoenix hanceana*	棕櫚科 Arecaceae
蒲葵 *Livistona chinensis*	棕櫚科 Arecaceae
羅比親王海棗 *Phoenix roebelenii*	棕櫚科 Arecaceae

表 8-6 　誘蝶誘鳥植物種類一覽表

學名（含中名及拉丁名）	科名（含中名及拉丁名）
喬木類（Trees）	
常綠喬木（Evergreen Trees）	
誘蝶植物（Butterfly-attracting Plants）	
土肉桂 *Cinnamomum osmophloeum*	樟科 Lauraceae
大葉桉 *Eucalyptus robusta* Smith	桃金孃科 Myrtaceae
大葉楠 *Machilus (Persea) kusanoi* Hayata	樟科 Lauraceae
大頭茶 *Gordonia axillaris*	山茶科 Theaceae
山黃梔 *Gardenia jasminoides* Ellis	茜草科 Rubiaceae
山黃麻 *Trema orientalis*	榆科 Ulmaceae
水金京 *Wendlandia formosana* Cowan	茜草科 Rubiaceae
水黃皮 *Pongamia pinnata*	蝶形花科 Fabaceae
火筒樹 *Leea guineensis* G. Don	火筒樹科 Leeaceae
臺灣赤楠 *Syzygium formosanum* (Hayata) Mori	桃金孃科 Myrtaceae
臺灣海桐 *Pittosporum pentandrum*	海桐科 Pittosporaceae
臺灣雅楠 *Phoebe formosana* (Hayata) Hayata	樟科 Lauraceae
白玉蘭 *Michelia alba*	木蘭科 Magnoliaceae
白匏子 *Mallotus paniculatus* (Lam.) Muell.-Arg.	大戟科 Euphorbiaceae
血桐 *Macaranga tanarius*	大戟科 Euphorbiaceae
青剛櫟 *Cyclobalanopsis glauca*	殼斗科 Fagaceae
厚皮香 *Ternstroemia gymnanthera*	椴樹科 Tiliaceae
垂榕 *Ficus benjamina*	桑科 Moraceae
柑橘 *Citrus reticulate*	芸香科 Rutaceae
柚子 *Citrus grandis* Osbeck	芸香科 Rutaceae
柳橙 *Citrus sinensis* (L.) Osheck cv. 'Liu Cheng'	芸香科 Rutaceae
相思樹 *Acacia confusa*	含羞草科 Mimosaceae
食茱萸 *Zanthoxylum ailanthoides* Sieb. & Zucc.	芸香科 Rutaceae
香楠 *Machilus zuihoensis* Hayata var. *zuihoensis*	樟科 Lauraceae
烏心石 *Michelia formosana*	木蘭科 Magnoliaceae
狹葉櫟 *Quercus stenophylloides* Hayata	殼斗科 Fagaceae
臭娘子 *Premna obtusifolia*	馬鞭草科 Verbenaceae
細葉饅頭果 *Glochidion rubrum* Blume	大戟科 Euphorbiaceae
野桐 *Mallotus japonicus*	大戟科 Euphorbiaceae
無患子 *Sapindus mukorossi* Gaertn.	無患子科 Sapindaceae
菲律賓饅頭果 *Glochidion phillppicum*	大戟科 Euphorbiaceae
黃槿 *Hibiscus tiliaceus*	錦葵科 Malvaceae
榕樹 *Ficus microcarpa*	桑科 Moraceae
樟樹 *Cinnamomum camphora*	樟科 Lauraceae
豬腳楠 *Machilus thunbergii* Sieb. & Zucc.	樟科 Lauraceae

錐果櫟 *Cyclobalanopsis longinux* (Hayata) Schott.	殼斗科 Fagaceae
錫蘭肉桂 *Cinnamomum verum* J. S. Presl.	樟科 Lauraceae
錫蘭饅頭果 *Glochidion zeylanicum* (Gaertn.) A. Juss.	大戟科 Euphorbiaceae
龍眼 *Euphoria longana*	無患子科 Sapindaceae
檄樹 *Morinda citrifolia*	茜草科 Rubiaceae
穗花棋盤腳 *Barringtonia racemosa*	碁盤腳科 Barringtoniaceae
檸檬 *Citrus limon*	芸香科 Rutaceae
瓊崖海棠 *Calophyllum inophyllum*	藤黃科 Guttiferae
蘭嶼蘋婆 *Sterculia ceramica*	梧桐科 Sterculiaceae
誘鳥植物（Bird-attracting Plants）	
人心果 *Achras zapota*	山欖科 Sapotaceae
八角金盤 *Fatsia japonica*	五加科 Araliaceae
大葉山欖 *Palaquium formosanum*	山欖科 Sapotaceae
大頭茶 *Gordonia axillaris*	山茶科 Theaceae
小葉赤楠 *Syzygium buxifolium* Hook. & Arn.	桃金孃科 Myrtaceae
小葉桑 *Morus australis* Poir.	桑科 Moraceae
小葉榕 *Ficus microcarpa* var. *pusillifolia*	桑科 Moraceae
山黃麻 *Trema orientalis*	榆科 Ulmaceae
日本黑松 *Pinus thunbergii*	松科 Pinaceae
臺東火刺桐 *Pyracantha koidzumii*	薔薇科 Rosaceae
臺東漆樹 *Semecarpus gigantifolia* Vidal	漆樹科 Anacardiaceae
臺灣赤楠 *Syzygium formosanum* (Hayata) Mori	桃金孃科 Myrtaceae
臺灣枇杷 *Eriobotrya deflexa*	薔薇科 Rosaceae
臺灣海桐 *Pittosporum pentandrum*	海桐科 Pittosporaceae
臺灣樹蘭 *Aglaia formosana*	楝科 Meliaceae
白肉榕 *Ficus virgata*	桑科 Moraceae
血桐 *Macaranga tanarius*	大戟科 Euphorbiaceae
杜英 *Elaeocarpus sylvestris* var. *sylvestris*	椴樹科 Tiliaceae
芒果 *Mangifera indica* L.	漆樹科 Anacardiaceae
南美假櫻桃 *Muntingia calabura*	椴樹科 Tiliaceae
厚皮香 *Ternstroemia gymnanthera*	椴樹科 Tiliaceae
星蘋果 *Chrysophyllum cainito*	山欖科 Sapotaceae
洋紫荊（紫羊蹄甲）*Bauhinia purpurea*	蘇木科 Caesalpiniaceae
珊瑚樹 *Viburnum odoratissimum*	忍冬科 Caprifoliaceae
紅毛丹 *Nephelium lappaceum*	無患子科 Sapindaceae
紅花銀樺 *Grevillea banksii*	山龍眼科 Proteaceae
紅檜 *Chamaecyparis formosensis*	柏科 Cupressaceae
茄苳 *Bischofia javanica* Blume	大戟科 Euphorbiaceae
香楠 *Machilus zuihoensis* Hayata var. *zuihoensis*	樟科 Lauraceae
烏心石 *Michelia formosana*	木蘭科 Magnoliaceae

荔枝 *Litchi chinensis*	無患子科 Sapindaceae
蛋黃果 *Lucuma nervosa*	山欖科 Sapotaceae
野桐 *Mallotus japonicus*	大戟科 Euphorbiaceae
雪松 *Cedrus deodara*	松科 Pinaceae
傅園榕 *Ficus microcarpa* L. f. var. *fuyuensis* Liao	桑科 Moraceae
森氏紅淡比 *Cleyera japonica* Thunb. var. *morii*	山茶科 Theaceae
番石榴 *Psidium guajava*	桃金孃科 Myrtaceae
番龍眼 *Pometia pinnata*	無患子科 Sapindaceae
菲律賓饅頭果 *Glochidion phillppicum*	大戟科 Euphorbiaceae
象牙樹 *Diospyros ferrea*	柿樹科 Ebenaceae
黃玉蘭 *Michelia champaca* L.	木蘭科 Magnoliaceae
黃連木 *Pistacia chinensis* Bunge	漆樹科 Anacardiaceae
楊梅 *Myrica rubra*	楊梅科 Myricaceae
稜果榕 *Ficus septica* Burm. f.	桑科 Moraceae
嘉寶果 *Myrciaria cauliflora*	桃金孃科 Myrtaceae
榕樹 *Ficus microcarpa*	桑科 Moraceae
銀樺 *Grevillea robusta*	山龍眼科 Proteaceae
樟樹 *Cinnamomum camphora*	樟科 Lauraceae
錫蘭饅頭果 *Glochidion zeylanicum* (Gaertn.) A. Juss.	大戟科 Euphorbiaceae
濕地松 *Pinus elliottii*	松科 Pinaceae
穗花棋盤腳 *Barringtonia racemosa*	碁盤腳科 Barringtoniaceae
錫蘭橄欖 *Elaeocarpus serratus*	椵樹科 Tiliaceae
鵝掌柴 *Schefflera octophylla*	五加科 Araliaceae
麵包樹 *Artocarpus altilis*	桑科 Moraceae
蘭嶼肉桂 *Cinnamomum kotoense* Kanehira & Sasaki	樟科 Lauraceae
蘭嶼烏心石 *Michelia compressa* var. *lanyuensis*	木蘭科 Magnoliaceae
蘭嶼蘋婆 *Sterculia ceramica*	梧桐科 Sterculiaceae
鐵冬青 *Ilex rotunda*	冬青科 Aquifoliaceae
落葉喬木 （Deciduous Trees）	
誘蝶植物 （Butterfly-attracting Plants）	
九芎 *Lagerstroemia subcostata*	千屈菜科 Lythraceae
皺桐 *Aleurites montana*	大戟科 Euphorbiaceae
大葉合歡 *Albizia lebbeck*	含羞草科 Mimosaceae
山櫻花（緋寒櫻）*Prunus campanulata* Maxim.	薔薇科 Rosaceae
山鹽青 *Rhus chinensis* var. *roxburghii*	漆樹科 Anacardiaceae
水柳 *Salix warburgii*	楊柳科 Salicaceae
火筒樹 *Leea guineensis* G. Don	火筒樹科 Leeaceae
臺灣山芙蓉 *Hibiscus taiwanensis* Hu	錦葵科 Malvaceae
臺灣白蠟樹 *Fraxinus formosana*	木犀科 Oleaceae
臺灣欒樹 *Koelreuteria formosana*	無患子科 Sapindaceae

石朴（臺灣朴樹）*Celtis formosana* Hayata	榆科 Ulmaceae
光臘樹 *Fraxinus griffithii* C. B. Clarke	木犀科 Oleaceae
沙朴 *Celtis sinensis*	榆科 Ulmaceae
刺桐 *Erythrina variegata* var. *orientalis*	蝶形花科 Fabaceae
油桐 *Aleurites fordii*	大戟科 Euphorbiaceae
阿勃勒 *Cassia fistula*	蘇木科 Caesalpiniaceae
青楓 *Acer serrulatum* Hayata	槭樹科 Aceraceae
流蘇 *Chionanthus retusus*	木犀科 Oleaceae
桃 *Prunus persica*	薔薇科 Rosaceae
雀榕 *Ficus superba* (Miq.) Miq. var. *japonica* Miq.	桑科 Moraceae
魚木 *Crateva adansonii* DC. subsp. *formosensis* Jacobs	山柑科 Capparidaceae
黃槐 *Cassia surattensis* Burm. f.	蘇木科 Caesalpiniaceae
榔榆 *Ulmus parvifolia*	榆科 Ulmaceae
賊仔樹 *Tetradium meliaefolia* (Hance) Benth	芸香科 Rutaceae
過山香 *Clausena excavata*	芸香科 Rutaceae
構樹 *Broussonetia papyrifera*	桑科 Moraceae
鐵刀木 *Cassia siamea* Lam.	蘇木科 Caesalpiniaceae
誘鳥植物（Bird-attracting Plants）	
大花紫薇 *Lagerstroemia speciosa*	千屈菜科 Lythraceae
小葉桑 *Morus australis* Poir.	桑科 Moraceae
臺灣山芙蓉 *Hibiscus taiwanensis* Hu	錦葵科 Malvaceae
山桐子 *Idesia polycarpa*	大風子科 Flacourtiaceae
山櫻花（緋寒櫻）*Prunus campanulata* Maxim.	薔薇科 Rosaceae
山鹽青 *Rhus chinensis* var. *roxburghii*	漆樹科 Anacardiaceae
木棉 *Bombax ceiba*	木棉科 Bombacaceae
印度棗 *Zizyphus mauritiana*	鼠李科 Rhamnaceae
朴樹 *Celtis sinensis*	榆科 Ulmaceae
沙朴 *Celtis sinensis*	榆科 Ulmaceae
刺桐 *Erythrina variegata* var. *orientalis*	蝶形花科 Fabaceae
流蘇 *Chionanthus retusus*	木犀科 Oleaceae
珊瑚刺桐 *Erythrina corallodendron* L.	蝶形花科 Fabaceae
苦楝 *Melia azedarach*	楝科 Meliaceae
桃 *Prunus persica*	薔薇科 Rosaceae
烏桕 *Sapium sebiferum* (L.) Roxb.	大戟科 Euphorbiaceae
雀榕 *Ficus superba* (Miq.) Miq. var. *japonica* Miq.	桑科 Moraceae
無患子 *Sapindus mukorossi* Gaertn.	無患子科 Sapindaceae
楝樹 *Melia azedarach* L.	楝科 Meliaceae
榔榆 *Ulmus parvifolia*	榆科 Ulmaceae
過山香 *Clausena excavata*	芸香科 Rutaceae
構樹 *Broussonetia papyrifera*	桑科 Moraceae

鴨腳木 *Schefflera octophylla*	五加科 Araliaceae
灌木類（Shrubs）	
常綠灌木（Evergreen Shrubs）	
誘蝶植物（Butterfly-attracting Plants）	
三腳鱉 *Melicope pteleifolia*	芸香科 Rutaceae
大頭艾納香 *Blumea megacephala*	菊科 Asteraceae
小葉黃楊 *Buxus microphylla*	黃楊科 Buxaceae
月橘（七里香）*Murraya paniculata* (L.) Jacq.	芸香科 Rutaceae
毛苦參 *Sophora tomentosa* Linn.	蝶形花科 Fabaceae
水錦樹 *Wendlandia uvariifolia* Hance	茜草科 Rubiaceae
臺灣懸鈎子 *Rubus formosensis* Ktze.	薔薇科 Rosaceae
白水木 *Messerschmidia argentea*	紫草科 Boraginaceae
朱槿 *Hibiscus rosa-sinensis*	錦葵科 Malvaceae
杜虹花 *Callicarpa formosana*	馬鞭草科 Verbenaceae
狀元紅（臺灣火刺木）*Pyracantha koidzumii*	薔薇科 Rosaceae
金露花 *Duranta repens* L.	馬鞭草科 Verbenaceae
長穗木 *Stachytarpheta jamaicensis* (L.) Vahl	馬鞭草科 Verbenaceae
厚葉石斑木 *Rhaphiolepis indica* var. *umbellata* (Thunb.) Ohashi H.	薔薇科 Rosaceae
紅仔珠 *Breynia officinalis* Hemsl.	大戟科 Euphorbiaceae
苦林盤 *Clerodendrum inerme*	馬鞭草科 Verbenaceae
飛龍掌血 *Toddalia asiatica* (L.) Lamarck	芸香科 Rutaceae
海桐 *Pittosporum tobira* Ait.	海桐科 Pittosporaceae
笑靨花 *Spiraea pseudoprunifolia* Hayata.	薔薇科 Rosaceae
馬纓丹 *Lantana camara*	馬鞭草科 Verbenaceae
雀舌黃楊 *Buxus harlandii*	黃楊科 Buxaceae
菊花木 *Bauhinia championii* (Benth.) Bentham.	蘇木科 Caesalpiniaceae
銳葉山柑 *Capparis acutifolia* Sweet	山柑科 Capparidaceae
欖李 *Lumnitzera racemosa* Willd.	使君子科 Combretaceae
誘鳥植物（Bird-attracting Plants）	
土密樹 *Bridelia tomentosa* Blume	大戟科 Euphorbiaceae
小葉厚殼樹 *Ehretia microphylla*	紫草科 Boraginaceae
內苳子 *Lindera akoensis* Hayata	樟科 Lauraceae
天仙果 *Ficus formosana* Maxim.	桑科 Moraceae
月橘（七里香）*Murraya paniculata* (L.) Jacq.	芸香科 Rutaceae
白飯樹 *Securinega virosa*	大戟科 Euphorbiaceae
石斑木 *Rhaphiolepis indica* (L.) Lindl. *ex* Ker	薔薇科 Rosaceae
狀元紅（臺灣火刺木）*Pyracantha koidzumii*	薔薇科 Rosaceae
恆春山枇杷 *Eribotrya deflexa* f. *koshunensis*	薔薇科 Rosaceae
海桐 *Pittosporum tobira* Ait.	海桐科 Pittosporaceae
鵝掌藤 *Schefflera arboricola*	五加科 Araliaceae

落葉灌木（Deciduous Shrubs）	
大青 *Clerodendrum cyrtophyllum* Turcz.	馬鞭草科 Verbenaceae

地被植物（Groundcovers）	

誘蝶植物（Butterfly-attracting Plants）	
穗花木藍 *Indigofera spicata* Forsk.	蝶形花科 Fabaceae
薑花 *Hedychium coronarium*	薑科 Zingiberaceae
雞屎藤 *Paederia scandens* (Lour.) Merr.	茜草科 Rubiaceae
糯米糰 *Gonostegia hirta*	蕁麻科 Urticaceae

誘鳥植物（Bird-attracting Plants）	
冇骨消 *Sambucus formosana* Nakai	忍冬科 Caprifoliaceae

蔓藤植物（Climbers and Vines）	

誘蝶植物（Butterfly-attracting Plants）	
大葉馬兜鈴 *Aristolochia kaempferi*	馬兜鈴科 Aristolochiaceae
木虌子 *Momordica cochinchinensis* (Lour.) Spreng.	瓜科 Cucurbitaceae
玉葉金花 *Mussaenda pubescens* Ait. f.	茜草科 Rubiaceae
忍冬 *Lonicera japonica* Thunb.	忍冬科 Caprifoliaceae
武靴藤 *Gymnema sylvestre* (Retz.) Schultes	蘿藦科 Asclepiadaceae
虎葛 *Cayratia japonica* (Thunb.) Gagnep	葡萄科 Vitaceae
港口馬兜鈴 *Aristolochia zollingeriana*	馬兜鈴科 Aristolochiaceae
漢氏山葡萄 *Ampelopsis brevipedunculata*	葡萄科 Vitaceae
鷗蔓 *Tylophora ovata* (Lindl.) Hook. *ex* Steud.	蘿藦科 Asclepiadaceae

誘鳥植物（Bird-attracting Plants）	
木虌子 *Momordica cochinchinensis* (Lour.) Spreng.	瓜科 Cucurbitaceae
薜荔 *Ficus pumila* L.	桑科 Moraceae

草本植物（Herbaceous Plants）	

誘蝶植物（Butterfly-attracting Plants）	
山菅蘭 *Dianella ensifolia*	百合科 Liliaceae
五節芒 *Miscanthus floridulus*	禾本科 Poaceae
冇骨消 *Sambucus formosana* Nakai	忍冬科 Caprifoliaceae
月桃 *Alpinia zerumbet* (Pers.) Burtt & Smith	薑科 Zingiberaceae
水稻 *Oryza sativa*	禾本科 Poaceae
火炭母草 *Polygonum chinense* Linn.	蓼科 Polygonaceae
冬青菊 *Pluchea indica* (L.) Less.	菊科 Asteraceae
白背芒 *Miscanthus sinensis* var. *glaber* (Nakai) J. Lee	禾本科 Poaceae
早田氏爵床 *Rostellularia procumbens* var. *ciliata*	爵床科 Acanthaceae
艾草 *Artemisia indica* Willd.	菊科 Asteraceae
兔兒菜 *Ixeris chinensis* (Thunb.) Nakai	菊科 Asteraceae
紅蓼 *Polygonum orientale* Linn.	蓼科 Polygonaceae
桂竹 *Phyllostachys makinoi* Hayata	禾本科 Poaceae
馬利筋 *Asclepias curassavica*	蘿藦科 Asclepiadaceae

馬藍 *Strobilanthes cusia* (Nees) Kuntze	爵床科 Acanthaceae
馬鞭草 *Verbena officinalis* Linn.	馬鞭草科 Verbenaceae
馬蘭 *Aster indicus*	菊科 Asteraceae
望江南 *Senna occidentalis* (L.) Link	蝶形花科 Fabaceae
毬蘭 *Hoya carnosa* (L. f.) R. Br.	蘿藦科 Asclepiadaceae
棕葉狗尾草（颱風草）*Setaria palmifolia*	禾本科 Poaceae
煉莢豆 *Alysicarpus vaginalis* (L.) DC.	蝶形花科 Fabaceae
葛藤 *Pueraria lobata* (Willd.) Ohwi.	蝶形花科 Fabaceae
過江藤 *Phyla nodiflora* (L.) Greene	馬鞭草科 Verbenaceae
濱刀豆 *Canavalia rosea*	蝶形花科 Fabaceae
濱豇豆 *Vigna marina* (Burm.) Merr.	蝶形花科 Fabaceae
爵床 *Justicia procumbens* Linn.	爵床科 Acanthaceae
蟛蜞菊 *Wedelia chinensis* (Osbeck) Merr.	菊科 Asteraceae
蘆利草 *Ruellia repens* L.	爵床科 Acanthaceae
孟宗竹 *Phyllostachys edulis*	禾本科 Poaceae
綠竹 *Bambusa oldhamii* Munro	禾本科 Poaceae
椰子類植物 （Palm Trees）	
誘鳥植物（Bird-attracting Plants）	
大王椰子 *Roystonea regia*	棕櫚科 Arecaceae
亞力山大椰子 *Archontophoenix alexandrae*	棕櫚科 Arecaceae
臺灣海棗 *Phoenix hanceana*	棕櫚科 Arecaceae

表 8-7　水生植物一覽表

學名（含中名及拉丁名）	科名（含中名及拉丁名）
沉水植物（Submerged Plants）*	
印度莕菜 *Nymphoides indica*	睡菜科 Menyanthaceae
金魚藻 *Ceratophyllum demersum*	金魚藻科 Ceratophyllaceae
浮葉植物（Floating-leaved Plants）*	
小葉王蓮 *Victoria cruziana*	睡蓮科 Nymphaeaceae
王蓮 *Victoria Amazonia* Sowerby	睡蓮科 Nymphaeaceae
臺灣萍蓬草 *Nuphar shimadai* Hay.	睡蓮科 Nymphaeaceae
田字草 *Marsilea* spp.	蘋科 Marsileaceae
芡 *Euryale ferox* Salisb	睡蓮科 Nymphaeaceae
睡蓮 *Nymphaea* spp.	睡蓮科 Nymphaeaceae
蓴 *Brasenia purpurea* Caso	睡蓮科 Nymphaeaceae
挺水植物（Emerged Plants）*	
木賊 *Equisetum hyemale*	木賊科 Equisetaceae
水丁香 *Ludwigia octovalvis* (Jacq) Raven	柳葉菜科 Onagraceae
水生鳶尾 *Iris laevigata* Fisch	鳶尾科 Iridaceae

水芹菜 *Oenanthe javanica* DC.	繖形花科 Apiaceae
水燭 *Typha* spp.	香蒲科 Typhaceae
白蝴蝶花 *Hedychium coronarium* Koeng	薑荷科 Zingibrceae
花菖蒲 *Iris kaempferi* Sieb	鳶尾科 Iridaceae
海芋 *Zantedeschia aethiopi-ca* Spreng	天南星科 Araceae
紙莎草 *Cyperus papyrus* L.	莎草科 Cyperaceae
荷花 *Nalumbo nucifera* Gaertn	睡蓮科 Nymphaeaceae
荸薺 *Eleocharis tuberose* Roem *et* Schult	莎草科 Cyperaceae
傘草 *Cyperus alternifolius* L.	莎草科 Cyperaceae
菖蒲 *Acorus calamus* L.	天南星科 Araceae
慈菇 *Sagittaria sagittifolia* L.	澤瀉科 Alismataceae
溪蓀 *Iris sibirica* L.	鳶尾科 Iridaceae
飄浮植物（Floating Plants）*	
大萍 *Pistia stratiotes* L.	天南星科 Araceae
水萍 *Spirodela polyrhiza* (L) Schleid	浮萍科 Lemnaceae
布袋蓮 *Eichhornia crassipes* Solms	雨久花科 Pontederiaceae
浮萍（青萍）*Lemna perpusilla* Torr	浮萍科 Lemnaceae
菱 *Trapa natans* L. var. *bispinosa* Makino	柳葉菜科 Onagraceae
槐葉蘋 *Salvinia natans*	槐葉蘋科 Salviniaceae
滿江紅 *Azolla pinnata*	槐葉蘋科 Salviniaceae

＊： 沉水植物：根部固著於土壤中，莖葉大部分沉在水裡，如金魚藻。
　　 浮葉植物：根部定著於土中，莖大部分在水中，但葉子及花朵浮出水面，如睡蓮。
　　 挺水植物：根部著生在水底土壤中，莖基部亦生長在水中，莖葉則泰半伸出水面，挺立於空中。
　　　　　　　 一般生長於水深約 0.5 m 至 1 m 之淺水中，如荷花。
　　 漂浮植物：根部不在水底固著，全株生長於水中或水面而隨波逐流，如滿江紅。

參考文獻

1. 內政部營建署，2017，市區道路植栽設計參考手冊。

2. 台灣省住宅及都市發展局，1981，植物與環境設計，知音出版社。

3. 交通部運輸研究所，2017，自行車道系統規劃設計參考手冊（2017 修訂版）。

4. 行政院農業委員會，2011，都會尋蝶覓鳥樂 —— 臺灣誘蝶誘鳥植物的故事，行政院農業委員會特有生物研究保育中心。

5. 李鍒翰、薛聰賢，2010，應用於綠建築計之臺灣原生植物圖鑑，內政部建築研究所。

6. 凌德麟，1985，臺灣的造園與造園植物，臺灣畫刊雜誌社。

7. 章錦瑜，2007，景觀樹木觀賞圖鑑，晨星出版社。

8. 章錦瑜，2008，景觀喬木賞花圖鑑，晨星出版社。

9. 曾秀瓊，1986，植物在景觀設計上之應用，銀禾文化事業公司

10. 臺灣營建研究院，2018，公共工程常用植栽手冊，合雅圖印刷事業股份有限公司。

11. 蔡福貴，1993，地被植物（上），地景企業股份有限公司。

12. 蔡福貴，1993，地被植物（下），地景企業股份有限公司。

13. 賴明洲，2003，台中市行道樹導覽手冊，臺中市政府。

14. 薛聰賢，1993，台灣花卉實用圖鑑第 5、7 輯，台灣普綠出版部。

15. 薛聰賢，1994，台灣花卉實用圖鑑第 1、2、6 輯，台灣普綠出版部。

16. 王小璘，1995，植物在景觀上之應用，基地規劃導論第 21 章。

17. 薛聰賢，1995，台灣花卉實用圖鑑第 11 輯，薛氏園藝出版部。

18. 薛聰賢，1997，台灣花卉實用圖鑑第 10 輯，台灣普綠出版部。

19. 薛聰賢，1997，景觀植物造園應用實例，1 ～ 12 輯，台灣普綠出版社。

20. 王小璘，1997，施工技術——植栽工程，造園季刊第 25 期，pp.65-73。

21. 薛聰賢，1998，台灣花卉實用圖鑑第 3、4、8 輯，台灣普綠出版部。

22. 薛聰賢，1999，台灣花卉實用圖鑑第 12 輯，台灣普綠出版部。

23. 薛聰賢，2005，台灣花卉實用圖鑑第 15 輯，台灣普綠出版部。

24. 王小璘，2009，道路空間景觀生態綠化，交通部公路總局及公路景觀諮詢小組專題講座，p.78。

25. 臺北典藏植物園網

https://www.future.url.tw/plant/view/136。

26. 台灣景觀植物介紹

http://tlpg.hsiliu.org.tw/plant/view/478。

27. 行政院農業委員會農業主題館

https://kmweb.coa.gov.tw/subject/subject.php?id=17985。

28. 荒野保護協會網

https://sowhc.sow.org.tw/html/observation/plant/a01plant/a010306-da-chin/da-chin.htm。

29. 開放博物館——臺灣藤蔓植物特展

https://openmuseum.tw/muse/exhibition/17062cbf72164046d723ee11ba5ea30e#stor

ymap-ig23fa。

30. 福山植物園植物情報

https://fushan.tfri.gov.tw/plant.php。

31. 認識植物網

http://kplant.biodiv.tw/index.htm。

32. 誘鳥誘蝶植物是生態綠化要角——對生態環境的關注

http://library.taiwanschoolnet.org/cyberfair2006/hhhs01/h/h-4.htm。

33. 中央研究院生物多樣性研究中心植物標本館

http://www.hast.biodiv.tw/HAST/plantinfo.aspx?listID=2025。

筆記欄

09

各類有害植物種類
（Harmful Plant Species of
Various Types）

　　本單元所指各類有害植物係指植株有下列性狀者稱之；共計十二種：1. 有板根；
2. 樹幹有刺；3. 枝條脆弱遇強風易折枝；4. 乳汁有毒；5. 花有臭味；6. 花粉有毒；
7. 葉片有毒；8. 果有異臭；9. 莢果內果肉稍有毒；10. 果實有棉絮；11. 種子有毒；
12. 全身具毒。

▌表 9-1　各類有害植物一覽表

學名（含中名及拉丁名）	科名（含中名及拉丁名）
有板根	
大葉山欖 *Palaquium formosanum*	山欖科 Sapotaceae
大葉桃花心木 *Swietenia macrophylla*	楝科 Meliaceae
木麻黃 *Casuarina equisetifolia*	木麻黃科 Casuarinaceae
木棉 *Bombax ceiba*	木棉科 Bombacaceae
水黃皮 *Pongamia pinnata*	蝶形花科 Fabaceae
印度紫檀 *Pterocarpus indicus* Willd.	蝶形花科 Fabaceae
印度橡膠樹 *Ficus elastica*	桑科 Moraceae
吉貝 *Ceiba pentandra* (L.) Gaertn.	木棉科 Bombacaceae
刺桐 *Erythrina variegata* var. *orientalis*	蝶形花科 Fabaceae
長葉垂榕 *Ficus maclellandii*	桑科 Moraceae
阿勃勒 *Cassia fistula*	蘇木科 Caesalpiniaceae
垂榕 *Ficus benjamina*	桑科 Moraceae
茄苳 *Bischofia javanica* Blume	大戟科 Euphorbiaceae
第倫桃 *Dillenia indica*	第倫桃科 Dilleniaceae
掌葉蘋婆 *Sterculia foetida* Linn.	梧桐科 Sterculiaceae
菩提樹 *Ficus religiosa*	桑科 Moraceae
黑板樹 *Alstonia scholaris* (L.) R. Br.	夾竹桃科 Apocynaceae
楓香 *Liquidambar formosana*	金縷梅科 Hamamelidaceae
鳳凰木 *Delonix regia* (Bojer) Raf.	蝶形花科 Fabaceae

榕樹 *Ficus microcarpa*	桑科 Moraceae
銀葉樹 *Heritiera littoralis* Dryand.	梧桐科 Sterculiaceae
麵包樹 *Artocarpus altilis*	桑科 Moraceae
欖仁 *Terminalia catappa* L.	使君子科 Combretaceae
樹幹有刺	
木棉 *Bombax ceiba*	木棉科 Bombacaceae
吉貝 *Ceiba pentandra* (L.) Gaertn.	木棉科 Bombacaceae
美人樹 *Chorisia speciosa* St. Hil.	木棉科 Bombacaceae
梧桐 *Firmiana simplex* (L.) W. F. Wight	梧桐科 Sterculiaceae
枝條脆弱遇強風易折枝	
阿勃勒 *Cassia fistula*	蘇木科 Caesalpiniaceae
菩提樹 *Ficus religiosa*	桑科 Moraceae
檸檬桉 *Eucalyptus citriodora*	桃金孃科 Myrtaceae
乳汁有毒	
烏桕 *Sapium sebiferum* (L.) Roxb.	大戟科 Euphorbiaceae
龍舌蘭 *Agave americana* L.	龍舌蘭科 Agavaceae
羅氏鹽膚木（山鹽青）*Rhus chinensis* var. *roxburghii*	漆樹科 Anacardiaceae
花有臭味	
火焰木 *Spathodea campanulata*	紫葳科 Bignoniaceae
掌葉蘋婆 *Sterculia foetida* Linn.	梧桐科 Sterculiaceae
黑板樹 *Alstonia scholaris* (L.) R. Br.	夾竹桃科 Apocynaceae
臘腸樹 *Kigelia africana* (Lam.) Benth.	紫葳科 Bignoniaceae
花粉有毒	
白千層 *Melaleuca leucadendra*	桃金孃科 Myrtaceae
葉片有毒	
垂柳 *Salix babylonica*	楊柳科 Salicaceae
烏桕 *Sapium sebiferum* (L.) Roxb.	大戟科 Euphorbiaceae
羅氏鹽膚木（山鹽青）*Rhus chinensis* var. *roxburghii*	漆樹科 Anacardiaceae
果有異臭	
福木 *Garcinia subelliptica*	藤黃科 Clusiaceae
莢果內果肉稍有毒	
阿勃勒 *Cassia fistula*	蘇木科 Caesalpiniaceae
果實有棉絮	
黑板樹 *Alstonia scholaris* (L.) R. Br.	夾竹桃科 Apocynaceae
種子有毒	
石栗 *Aleurites moluccana*	大戟科 Euphorbiaceae
皺桐 *Aleurites montana*	大戟科 Euphorbiaceae
蓮葉桐 *Hernandia nymphaeifolia*	蓮葉桐科 Hernandiaceae
闊葉蘇鐵 *Zamia furfuracea*	蘇鐵科 Cycadaceae

全身具毒	
小實孔雀豆 *Adenanthera microsperma* L.	蝶形花科 Fabaceae
文珠蘭 *Crinum asiaticum*	石蒜科 Amaryllidaceae
日本女貞（花除外）*Ligustrum japonicum*	木犀科 Oleaceae
夾竹桃 *Nerium indicum*	夾竹桃科 Apocynaceae
油桐 *Aleurites fordii*	大戟科 Euphorbiaceae
海檬果 *Cerbera manghas*	夾竹桃科 Apocynaceae
黃花夾竹桃（果肉除外）*Thevetia peruviana* (Pers.) K. Schum.	夾竹桃科 Apocynaceae
緬梔（雞蛋花）*Plumeria acutifolia*	夾竹桃科 Apocynaceae
蘇鐵 *Cycas revoluta*	蘇鐵科 Cycadaceae

參考文獻

1. 內政部營建署，2017，市區道路植栽設計參考手冊。
2. 台灣省住宅及都市發展局，1981，植物與環境設計，知音出版社。
3. 交通部運輸研究所，2017，自行車道系統規劃設計參考手冊（2017 修訂版）。
4. 李鍾翰、薛聰賢，2010，應用於綠建築計之臺灣原生植物圖鑑，內政部建築研究所。
5. 凌德麟，1985，臺灣的造園與造園植物，臺灣書刊雜誌社。
6. 章錦瑜，2007，景觀樹木觀賞圖鑑，晨星出版社。
7. 章錦瑜，2008，景觀喬木賞花圖鑑，晨星出版社。
8. 曾秀瓊，1986，植物在景觀設計上之應用，銀禾文化事業公司。
9. 臺灣營建研究院，2018，公共工程常用植栽手冊，合雅圖印刷事業股份有限公司。
10. 蔡福貴，1993，地被植物（上），地景企業股份有限公司。
11. 蔡福貴，1993，地被植物（下），地景企業股份有限公司。
12. 賴明洲，2003，台中市行道樹導覽手冊，臺中市政府。
13. 薛聰賢，1993，台灣花卉實用圖鑑第 5、7 輯，台灣普綠出版部。
14. 薛聰賢，1994，台灣花卉實用圖鑑第 1、2、6 輯，台灣普綠出版部。
15. 薛聰賢，1995，台灣花卉實用圖鑑第 11 輯，薛氏園藝出版部。
16. 薛聰賢，1997，台灣花卉實用圖鑑第 10 輯，台灣普綠出版部。
17. 薛聰賢，1997，景觀植物造園應用實例，1 ～ 12 輯，台灣普綠出版社。

18. 薛聰賢，1998，台灣花卉實用圖鑑第 3、4、8 輯，台灣普綠出版部。

19. 薛聰賢，1999，台灣花卉實用圖鑑第 12 輯，台灣普綠出版部。

20. 薛聰賢，2005，台灣花卉實用圖鑑第 15 輯，台灣普綠出版部。

21. 臺北典藏植物園網

   https://www.future.url.tw/plant/view/136。

22. 台灣景觀植物介紹

   http://tlpg.hsiliu.org.tw/plant/view/478。

23. 行政院農業委員會農業主題館

   https://kmweb.coa.gov.tw/subject/subject.php?id=17985。

24. 荒野保護協會網

   https://sowhc.sow.org.tw/html/observation/plant/a01plant/a010306-da-chin/da-chin.htm。

25. 中央研究院生物多樣性研究中心植物標本館

   http://www.hast.biodiv.tw/HAST/plantinfo.aspx?listID=2025。

國家圖書館出版品預行編目資料

景觀設計與施工總論 / 王小璘, 何友鋒編著.
-- 初版. -- 臺北市 : 五南圖書出版股份有
限公司, 2024.03
面 ; 公分
ISBN 978-626-393-117-6 (平裝)
1.CST: 景觀工程設計 2.CST: 施工管理
435.7   113002221

5N65

景觀設計與施工總論

作　　　者	― 王小璘、何友鋒
發　行　人	― 楊榮川
總　經　理	― 楊士清
總　編　輯	― 楊秀麗
副總編輯	― 李貴年
責任編輯	― 巫怡樺、何富珊
編輯及校對	― 覃　慧
施工圖校正	― 李立森
照片提供	― 何欣慈、何英慈、覃　慧、詹大川、鄧皓軒、 Hilary Roberts
封面設計	― 姚孝慈、王小璘、何友鋒
出　版　者	― 五南圖書出版股份有限公司

地　　　址：106 台北市大安區和平東路二段 339 號 4 樓
電　　　話：(02)2705-5066　　傳　　　真：(02)2706-6100
網　　　址：https://www.wunan.com.tw
電子郵件：wunan @ wunan.com.tw
劃撥帳號：01068953
戶　　　名：五南圖書出版股份有限公司
法律顧問　林勝安律師
出版日期　2024 年 3 月初版一刷
定　　　價　新臺幣 550 元

經典永恆·名著常在

五十週年的獻禮 —— 經典名著文庫

五南，五十年了，半個世紀，人生旅程的一大半，走過來了。

思索著，邁向百年的未來歷程，能為知識界、文化學術界作些什麼？

在速食文化的生態下，有什麼值得讓人雋永品味的？

歷代經典·當今名著，經過時間的洗禮，千錘百鍊，流傳至今，光芒耀人；

不僅使我們能領悟前人的智慧，同時也增深加廣我們思考的深度與視野。

我們決心投入巨資，有計畫的系統梳選，成立「經典名著文庫」，

希望收入古今中外思想性的、充滿睿智與獨見的經典、名著。

這是一項理想性的、永續性的巨大出版工程。

不在意讀者的眾寡，只考慮它的學術價值，力求完整展現先哲思想的軌跡；

為知識界開啟一片智慧之窗，營造一座百花綻放的世界文明公園，

任君遨遊、取菁吸蜜、嘉惠學子！